隔代育儿全攻略

李瑛 著

图书在版编目（CIP）数据

隔代育儿全攻略 / 李瑛著. -- 北京：中国人口出版社，
2021.10

ISBN 978-7-5101-7978-5

Ⅰ.①隔… Ⅱ.①李… Ⅲ.①婴幼儿—哺育—基本
知识 Ⅳ.① TS976.31

中国版本图书馆 CIP 数据核字（2021）第 166734 号

隔代育儿全攻略
GEDAI YUER QUAN GONGLUE

李瑛 著

责 任 编 辑	江 舒
策 划 编 辑	江 舒
装 帧 设 计	北京华兴嘉誉文化传媒有限公司　东合社—安平
责 任 印 制	林 鑫　王艳如
出 版 发 行	中国人口出版社
印　　　刷	小森印刷（北京）有限公司
开　　　本	880毫米×1230毫米　1/32
印　　　张	8.125
字　　　数	130千字
版　　　次	2021年10月第1版
印　　　次	2021年10月第1次印刷
书　　　号	ISBN 978-7-5101-7978-5
定　　　价	46.00元

网　　　址	www.rkcbs.com.cn
电 子 信 箱	rkcbs@126.com
总编室电话	（010）83519392
发行部电话	（010）83510481
传　　　真	（010）83538190
地　　　址	北京市西城区广安门南街80号中加大厦
邮 政 编 码	100054

一个儿科医生眼中的隔代育儿

　　作为一名在临床工作了三十年的儿科医生，我常常会被父母对孩子的那份挚爱所感动。无论是在处置危重患儿的过程中，还是在解决日常养育问题时，我都能深切地体会到这种无私而伟大的爱。这种爱不仅使为人父母的年轻人体会到了神圣，也让祖辈把对后代的爱一股脑地全部倾注给了隔辈人。但伴随着宝爸宝妈们的紧张焦虑和祖辈自然产生的"隔辈亲"，很多育儿矛盾也随之而来。一项对我国隔代育儿现状的调查显示：宝宝出生后处于三代同堂状态的家庭占比为 45.83%；有 35.42% 的一到三岁婴幼儿，日常的养育和看护主要是由老人负责的，而在三岁到七岁的学龄前儿童中，这个比例可达到 44.27%。高达 80.20% 的家庭存在隔代育儿矛盾，而导致矛盾出现的主要原因是两代人育儿观念的较大差异。对此我也深有感触。在平时的工作中，我不仅遇到过因为外出时是否要给小朋友戴棉帽子而在我面前争执不下甚至几近开战的婆媳，也见过因为过分溺爱而造成孙子营养不良的奶奶，还有带着消毒锅回奶奶家的儿媳，也有相信不打不成才的爷爷。这些家庭矛盾无一例外都会对孩子的身心健康产生影响。因此我结合真实案例写下了这些故事，为大家列举了各种不科学的育儿方法给孩子带来的危害，也详细地给出了解决方案，同时对于如何缓解隔代育儿矛盾也为两代人分别提出了建议。希望这本收集了六十个真实故事的《隔代育儿全攻略》能成为每个隔代育儿家庭的参考书。最后也感谢中国人口出版社对本书的大力支持！

李 瑛

2021 年 10 月

目录 Contents

饮食与喂养篇

健康与照护篇

语言与运动篇

心理与教育篇

饮食与喂养篇

故事 / 孩子养得白白胖胖的难道错了吗

　　一次我在门诊接诊了一个两岁的男宝宝，是妈妈和奶奶带来的。妈妈觉得尽管孩子长得又高又壮，但和别的孩子相比，自己宝宝的脸色有些问题，不够红润。

　　在为孩子进行了初步查体之后，我高度怀疑这孩子存在一定程度的贫血，指导他们进一步查找原因。

　　在等待检验报告的时候，我得知孩子的一日三餐都是由奶奶负责的。出于职业的敏感，我和奶奶聊起了天儿："孩子爱吃您做的饭吗？"奶奶满脸骄傲地对我说："我孙子特别爱吃我做的饭，猪棒骨熬汤煮面条，满满一大碗都能吃了！"

　　果然不出我所料，问题很可能就出在饮食不均衡上！

　　"肉和菜吃得怎么样呢？"我接着问。奶奶边摇头边说："他不爱吃，几乎不吃。不过我孙子又白又胖，我觉得挺好的，可他妈偏说脸色不好，非要到医院检查。昨天我俩还为这事儿闹别扭呢。"一直没说话的妈妈忍不住说话了："我一直觉得这样吃饭有问题，但老人做饭很辛苦，我实在不忍心'挑刺'。最近是看到孩子脸色越来越不好，我才坚持要来检查。"很快检验结果出来了，果然提示存在程度不轻的贫血。奶奶一脸委屈地说："我把孙子养得白白胖胖的，难道错了吗？"

　　类似的情况在门诊屡见不鲜：菜汤拌米饭，肉汤就馒头，骨汤煮面条……老人做起来方便，孩子吃起来容易，

但这种饮食严重不均衡，影响了营养素的全面摄入。

婴幼儿膳食均衡基本原则之一，就是多摄入富含铁元素的食物，目的是预防缺铁性贫血的发生。根据调查资料，我国 3 岁以下婴幼儿缺铁性贫血的发生率高达 20.5%，明显高于学龄前儿童，其中居家喂养的饮食不合理是主要原因，包括长期单纯母乳喂养、没有充分的富含铁元素食物的摄入、挑食偏食等。婴幼儿出现铁缺乏后，又会因味觉发育和消化能力受到影响，而导致膳食摄入能力进一步下降，最终造成体格发育、运动能力、免疫能力，甚至智力水平的发育都会出现落后的情况。

均衡的饮食不仅是指种类的全面，还要重视各种营养素的全覆盖。就铁元素来说，每日应保证孩子摄入富含铁元素的食物，如瘦肉、动物肝脏、蛋黄等，同时还要摄取促进铁元素吸收的其他营养素，如富含维生素 C 的新鲜蔬果，富含 B 族维生素的粗粮谷物等。

在饮食调整的同时，如果孩子的贫血较严重，还需要口服铁剂。针对这个幼儿的情况，我提出了这样的膳食建议：配方奶每天 350 到 500 毫升，主食要有一半是粗粮谷物，每天 1 个鸡蛋，不少于主食量的动物类蛋白且至少一餐红肉（瘦猪肉或牛肉），相当于主食量 2 倍的新鲜蔬果，每周吃 2 次动物肝脏。

听了我的分析和建议，奶奶又后悔又担心，后悔的是不合理的饮食影响了孙子的健康，担心的是自己力不从心做不好后续的合理喂养。妈妈说："我休息的时候，把食材和半成品都准备好，您做起饭来就轻松多啦。"一句话使诊室里紧张的气氛烟消云散。

Tips

1 知识点：

膳食中铁元素摄入不足，加上维生素 C、B 族维生素等营养素缺乏，会导致贫血。

2 敲黑板：

孩子饮食应各种食材均衡搭配，保证营养素全面摄入。

3 解矛盾：

年轻父母应及时向老人提供科学喂养的相关信息，并积极参与辅食制备；老人也要尽量接受科学喂养建议，有困难和困惑应与儿女及时沟通。

故事 2 叫醒新生儿吃奶引发的婆媳矛盾

一次我在产后母婴病房查房，一个分娩 3 天后的妈妈跟我诉苦说，宝宝出生 3 天了，母乳喂养，吃睡也基本有规律，但是有时候睡眠时间稍长一点，奶奶就很担心，生怕孩子饿，非要叫醒宝宝吃奶不可。妈妈说："有时候宝宝刚睡了一个多小时，奶奶就让我把她抱起来喂奶，搞得我特累，孩子也经常被打扰，我说了几次都不管用，还说孩子这么长时间不吃奶，会低血糖。您帮我跟奶奶说说吧。"

当天我找了个机会，到病房找到奶奶，当面对新生儿做了检查，告诉奶奶："您的宝宝是个健康的足月宝宝，母乳喂养的原则应是按需哺乳，也就是宝宝想吃的时候随时吃，不想吃的时候不用强行喂。新生儿的睡眠时长是每天 20 个小时左右，安稳睡眠时不需要叫醒吃奶，而且足月健康的新生儿自身有比较健全的稳定血糖能力，不用担心睡眠的时候发生低血糖。吃奶和睡觉，都是新生儿生长的需要，宝宝吃不好就长不好，同样睡不好也长不好。如果特别担心，可以观察她睡眠时对周围的一些刺激的反应，比如，轻摇小床，摸摸宝宝的小手小脚，只要反应好，手脚温暖，面色正常，就没问题。"

母乳是 6 月龄内宝宝最佳的食物来源，不要轻易添加配方奶，如需添加，除母乳和配方奶外，不应再给宝宝额

外添加食物，也不需要喂水。为了确保母乳喂养成功，在母婴身体情况都允许的前提下，出生后一小时内应开始进行早吸吮，利于早开奶。

在新生儿阶段，妈妈应该根据宝宝的需要随时哺乳，即在宝宝饥饿、口渴或需要安慰的时候，都可以喂奶。对于绝大部分宝宝来说，安静睡眠时，不需要叫醒吃奶。一些有特殊情况的宝宝，如尿量少、胎便排出延迟、体重下降过多（超过出生体重的7%）等，需要考虑加强喂养，也就是添加配方奶，或固定吃奶时间。新生儿低血糖发生的高危因素，主要包括早产儿或低体重儿、宫内发育迟缓、体重超过4000克的巨大儿、新生儿低体温、有严重感染或缺氧、青紫型先天性心脏病患儿、母亲有糖尿病或有一些特殊用药史等。因此，健康的足月新生儿，如果排尿、排便正常，体重增长好，是不需要过于担心的。

妈妈这时也在一旁安慰奶奶："您不用担心，我对自己的母乳很有信心，宝宝也吃得很好。这不，今天称重，体重还比昨天增加了呢。"奶奶这才完全放心了。

Tips

1 知识点：

新生儿母乳喂养原则：按需哺乳是新生儿
早期母乳喂养的重要原则，即宝宝有需要
的时候，包括饥饿、口渴和需要安慰时均
应及时哺乳。

2 敲黑板：

新生儿睡眠时长为每天 16 至 20 小时，在安稳的睡
眠状态时，大人不需要叫醒宝宝吃奶，一旦睡醒妈
妈就要及时哺乳。

3 解矛盾：

年轻父母要与老人分享科学的母乳喂养知识，并及
时分享宝宝发育状况，特别是体重增长状况。

故事 3 宝宝吐字不清很可能源于吃得太过精细

一岁多的宝宝绝大多数能清楚说出一些常用的字词，如爸爸妈妈，爷爷奶奶等常用称谓，吃、喝、玩、要等动词，喵喵、汪汪等象声词，但昊昊的爸爸妈妈却很发愁自家宝宝说话的问题。

昊昊1岁4个月了，从10个月开始，就已经能模糊地喊出"爸爸妈妈"，但是半年过去了，语言发育毫无进步，除了"爸爸妈妈"以外，能说清楚的字词极少，都是含混不清的一些发音。在门诊，妈妈对我描述："周围的同龄宝宝都能说不少词了，这孩子你跟他说什么他都懂，就是啊呜咿呀地说不清楚。"我对孩子进行了体格检查和视听能力、智力水平测试，结果除了语言发育轻度落后外，没有发现其他异常问题，而且孩子适应环境能力和语言理解能力也都很好。我再次从日常的养育细节开始询问，发现了一个关键问题：孩子不喜欢妈妈喂饭，奶奶喂饭就吃，妈妈喂饭就紧闭小嘴。"你知道原因吗？"我问妈妈。妈妈开始跟我诉苦："孩子爱吃什么奶奶就给他做什么，不爱吃的干脆不做。孩子拒绝吃颗粒比较粗和块状的食物，奶奶就都打成糊糊喂。我跟奶奶说过多少次了，奶奶说孩子太小，食物颗粒太粗会呛咳，太危险。"听到这儿，我想我终于发现了昊昊吐字不清的原因。

语言发育包括对语言的理解和表达两个方面。很多家长发现宝宝对语言的理解没问题，就是说不出，或说不

清，这与发音相关部位结构、听力功能都有关系。听力正常的孩子，要能够正常发音、吐字清楚，还需要口腔咽喉部位的每个参与发音的关节和肌肉也都发育正常，而辅食添加的过程中，伴随着对食物咀嚼吞咽能力的完善，这些功能也会得到很好的训练。因此，当宝宝开始吃第一口固体食物的时候，家长们就要有一个详细的辅食添加计划：7～9月龄，完成从泥糊状到细颗粒状辅食的过渡，从冲调得很稀的米粉调整为较稠的米粉加蔬菜泥和肉蛋泥；10～12月龄，完成从细颗粒到粗大颗粒的过渡，从较稠的粥加菜肉颗粒，过渡到煮得比较烂的小馄饨、小饺子；1岁以后，就要逐渐从颗粒状过渡到块状食物；两岁，不需要为其单独制备食物，可以和大人吃同样的饭菜。此外，为了让宝宝咀嚼能力得到很好的锻炼，还应注意喂饭的方法。正确的方法是把食物放到餐勺的前半部分，送到宝宝的上下嘴唇之间，让其自己进行抿、切、嚼、搅拌和吞咽，在此过程中，如宝宝出现抵触和不接受，我们不要轻易放弃，一定要反复尝试，直至能够很好地完成。

我对妈妈说："回家以后要告诉奶奶，昊昊目前的吐字不清最大的原因就是口腔肌肉、骨骼发育得不够协调，和吃得太过细软有很大关系。孩子不会嚼食物，就不会发好音！当然，在进行咀嚼能力锻炼的同时，你也要多跟孩子互动，用读绘本、唱儿歌的方法，促进昊昊的语言发育"。

Tips

1 知识点：

语言发育的影响因素，除神经系统发育、认知发育、心理发育和环境影响外，口腔咽喉部参与发音吐字的肌肉、骨骼也是非常重要的影响因素。

2 敲黑板：

从辅食添加开始，家长就应循序渐进地增加固体食物颗粒粗细程度，从泥糊状到稠糊状，到细颗粒和粗颗粒，再到块状（一岁半左右完成）。喂饭的正确方法是把食物放到宝宝的上下唇之间，让其自己进行抿、切、嚼、搅拌和吞咽，在此过程中，如宝宝出现抵触和不接受，我们不要轻易放弃，一定要反复尝试，直至能够很好地完成。

3 解矛盾：

参与育儿的两代人都要保持对科学育儿知识的不断学习，了解科学喂养对孩子语言发育的影响。年轻人如果没有时间照顾孩子日常生活，也要尽力协助老人完成辅食制作，并示范正确的喂饭方法。

故事4

母乳喂养的营养价值是随时间递减的吗

　　说到母乳喂养，很多人觉得宝宝开始添加辅食以后，母乳的营养就越来越不重要，相比之下执此观点的老人更多，引发两代人争执也不少见。

　　我曾在门诊遇到这样一对母女，姥姥帮着带外孙，一个一岁多的可爱宝宝，妈妈一直坚持母乳喂养，孩子一日三餐吃得也很好，但姥姥就是觉得小外孙不够胖，还振振有词地跟同小区一对双胞胎兄弟对比："你看人家俩孩子出生的时候体重只有五斤多，比咱们孩子还小一个月，就喂奶粉，现在的体重已经超过咱们了。就是你天天说要坚持母乳喂养，这都喂了十三个月了，早就没营养了，让我外孙子怎么长肉啊！"

　　每次听到姥姥这样说，妈妈都特别委屈，几次忍不住就和姥姥吵了起来，搞得家里气氛很紧张。妈妈对我说："我辛辛苦苦背奶，上班的时候还要定点儿吸奶，就是因为坚信母乳对孩子发育好，可我妈不断地打击我，我又说服不了她，您帮我劝劝吧。"我当着老人的面，给孩子进行了全面评估，发现各项发育指标都非常好。我告诉家长，每个孩子的发育速度和水平都有其自身特点，特别是身高体重，受遗传、营养、运动、睡眠、生理节律和疾病，甚至季节等很多因素影响，只要沿着正常水平波动性增长，就没问题，千万不要一味追求"又高又壮"，更不要拿身高体重这些表面的指标和周围的宝宝做对比。我对姥姥说："一群同龄孩子中，您拿外孙和最高最胖的那个

比较，这样对比只会让您越比越着急。其实宝宝的体格发育指标和营养水平都很好，妈妈坚持母乳喂养是值得表扬的，您一定要多多支持，如果情况允许，喂到两岁完全没问题。"

关于母乳喂养的时间，世界卫生组织和我国母乳喂养指南都有明确建议，婴儿出生后六个月内纯母乳喂养，添加辅食后继续母乳喂养，直至两岁或两岁以后。婴儿满六个月后开始添加辅食，在循序渐进地丰富固体食物种类，增加进食量的同时，不同月龄还应保证相应的奶量，其中，母乳仍然是最佳选择。一岁以内，建议每日奶量800毫升；一岁以后，每日500～600毫升；两岁以后，500毫升左右；三岁以后至学龄前，每日350克奶制品。

当然，在坚持母乳喂养过程中，应避免对母乳过度依赖而导致进食辅食量少和频繁夜奶引起的睡眠不安。如果宝宝一岁以后妈妈还要每天亲喂母乳超过六次，夜间超过三次，就会影响营养的全面摄入。同时睡眠质量差，特别是深睡眠质量差，也会因此出现身高体重增长慢、贫血、蛋白质缺乏等问题，严重时会出现发育落后、反复感染等情况。还有一部分过度依赖母乳安慰的宝宝，会存在焦虑敏感、适应能力差的问题，也需要通过母乳的合理喂养以及适应性锻炼得到解决。所以，母乳持续喂养的前提是营养全面均衡，宝宝身体、智力、心理各方面的发育指标正常。

针对宝宝的情况，我对这位姥姥和妈妈都提出了要求，妈妈要遵守母乳喂养的原则，姥姥也要多支持妈妈，千万不要给辛辛苦苦坚持母乳喂养的妈妈泼冷水。

Tips

1 知识点：

只要母亲身体健康、正常饮食，无不良嗜好和危险用药，母乳不会没营养。合理添加辅食，坚持母乳喂养，在保证营养全面均衡摄入和宝宝各项发育指标正常的前提下，母乳喂养可以至婴儿两岁甚至更久。

2 敲黑板：

一岁以内的宝宝，建议每日奶量800毫升；一岁以后，500 ~ 600 毫升；两岁以后，500毫升左右。一岁以后每天亲喂母乳不超过六次，夜间不超过三次。

3 解矛盾：

家庭中，了解母乳喂养知识的人，要主动向其他人讲解母乳喂养原则和方法，定期将宝宝发育评估指标分享给家人；老人也应尽量理解妈妈母乳喂养的辛苦，并给予充分理解和支持。

故事 5　孩子到底饿不饿

每天都会遇到因为孩子吃饭不好来就诊的家长，有些的确存在一些疾病问题，而很多是由不良饮食习惯导致的，比如，边玩边吃、边看边吃，不仅影响了吃饭，同时食物的消化和吸收也大打折扣。

一次在门诊，爸爸妈妈和姥姥带着两岁多的宝宝来就诊。一进诊室姥姥就非常着急地对我说外孙女已经连续一周不好好吃饭了："孩子这一周几乎什么都不吃，每天就吃点儿水果和酸奶，您看孩子都瘦了！"我发现和姥姥的焦虑相反，爸爸妈妈非常淡定，就安慰了姥姥，先把在诊室里跑来跑去的小姑娘叫到身边进行了体格检查，没有发现任何异常情况。按照经验判断，我猜想问题应该出在喂养方式上，就开始仔细询问宝宝的进餐时间、喜欢的饮食以及主要喂养人等信息。这时候，一直不太说话的爸爸插话了："最近这周的主要变化，是我和妈妈做了一件事情。以前孩子吃饭都是用玩具哄着吃，不玩玩具就不吃饭，从上周开始我们坚持吃饭的时候不给玩具，不吃就饿着！其实已经有进步了，姥姥就是不放心，非要带来医院检查。"这应该就是矛盾的原因了。年轻的父母认为不良的进食习惯必须纠正，但方法过于强硬，老人心疼外孙女，一味宠爱而忽视了进食行为对营养吸收和胃肠道功能成熟的重要影响。

根据资料统计，我国婴幼儿营养不良或肥胖的产生原因中，不良的进食习惯和喂养行为占很大一部分，其中

包括饮食结构不合理、添加辅食过早、进食时间过短或太长、强迫进食、无陪伴进食、边吃边玩、边吃边看电视等。很多家长为了让孩子能完成一餐饭，就一边用玩具吸引其注意力，一边很快把食物"填进"宝宝嘴里，这样做不仅会有呛咳吸入的风险，同时也严重干扰了食物的消化和吸收，长此以往，不仅会出现营养不良，同时孩子胃肠道功能的成熟进步也会受到干扰。食物从咀嚼吞咽，到消化吸收，再到排出体外，这个过程是由神经系统发出指令，由消化系统各器官来完成的，如果指令发出延迟或有误，都会干扰这个过程，边玩边吃就会让神经系统无法"专心"地发出正确指令，从而造成影响。正确的做法是，从宝宝出生后的第一次吃奶开始，就要培养"专心吃饭"的良好习惯，吃奶的时候避免外界的打扰，如突然发出的声响、在面前走动的人等，也不要在宝宝吃奶的时候逗笑说话，添加辅食后更是如此，吃饭的时候尽量不要有任何打扰，更不能玩玩具、看电视。

听了我的这些建议，姥姥也意识到了问题的严重性，表示以后再也不让小外孙女吃饭的时候玩玩具了。同时，我也给年轻父母提了一些建议：培养良好饮食习惯要合理引导，可以用"先吃三口再去玩"的方法，而且家里人陪伴进餐时要给孩子做出专心吃饭的良好示范，让孩子慢慢接受，千万不要操之过急。

Tips

1 **知识点：**

不良进食习惯的危害很多：营养不足或肥胖，消化能力下降，呛咳或气管异物吸入，不利于专注力养成。

2 **敲黑板：**

宝宝吃奶或吃饭时避免外界打扰，不要逗笑，不能玩玩具和看电视，开始学习独立进餐时就要由家里人陪伴进餐，且家人应做出良好示范。

3 **解矛盾：**

年轻父母要多参与孩子的喂养，减轻老人的压力，还应提供不良进食行为对孩子有危害的相关信息，并为老人示范科学的喂养方法。

 故事 6

追着喂饭怎么还能营养不良呢

　　很多有小宝宝的家庭都有相似经历，为了能让孩子好好吃饭，全家上下齐动员，各尽其能，一旦遇到吃饭不积极的，全家就会"愁云笼罩"，特别是家里的老人，更是为了让孩子能"多吃一口"恨不能使出浑身解数，但是结果却往往和预期的相反。

　　我曾经接诊过这样一个一岁多的女宝宝，来就诊的原因是一岁以后孩子的身高体重增长速度明显减慢，和同龄宝宝相比，显得又瘦又小。家人很担心，爸爸妈妈爷爷奶奶全家出动来找我寻求帮助。我先对宝宝进行了发育评估，一岁八个月的女宝宝，身高82.5cm，体重10.8kg，与同月龄标准对比，即中位数分别为84.4cm和11.3kg，落后了接近一个标准差，除此之外，孩子的其他发育指标和营养指标没有明显异常。首先我询问了孩子的出生体重和身长，都在正常水平，和站在我面前的爸爸妈妈比较后又排除了遗传因素的影响，当我得知也并没有反复生病的情况，就把重点集中到了出生后的喂养上。说到吃饭家里人都发愁了，爸爸妈妈跟我描述，孩子特别好动贪玩，几乎从来没有安安静静地坐在餐桌边好好吃过饭，都是家里人追着喂。他们也曾经尝试过"立规矩"，不在餐桌边吃饭就不喂，但是家里老人看到该吃饭的时候宝宝不吃就着急，尤其是爷爷根本坚持不住，没一会儿就又端着碗追过去了，常常是满屋跑着吃饭，吃完一顿饭要一个多小时。

这时候爷爷满脸不高兴地说话了："我孙女本来就不胖，再不吃饭怎么能行，好歹我追着能把饭喂进去！"妈妈当即怼了回去："您喂进去了她也没长好啊！"眼看着气氛越来越紧张，我马上把话题引开："孩子现在的体重和身高还在正常范围，而且没有铁和维生素 D 等其他关键营养素的缺乏，只要进行合理的喂养，还是能追赶上的。"

婴幼儿辅食添加强调的是喂养的顺应性和过渡性，在保证营养均衡、全面的同时，还应注重良好进食习惯的培养。要让孩子对食物感兴趣，主动吃饭，我们要做的是鼓励，但不强迫进食。追着喂饭，填鸭式喂饭，就是强迫进食最典型的表现，因为孩子在没有饥饿感、对食物毫无兴趣的情况下，根本无法做到很好地消化食物和吸收营养。为了保证孩子对食物有足够的兴趣和需求，应规律安排进餐时间，固定进餐场所和环境，营造进餐氛围，比如，在吃饭前两小时内不要进食零食，饭前半小时内不要让孩子进行剧烈活动，饭前十分钟让孩子洗好手坐到餐桌边，或者帮助大人准备餐具等，同时对于无法清楚表达意愿的小宝宝我们要及时识别吃饱的信号，如左右摆头、哭闹、伸出舌头挡住勺子、左顾右盼等，而这一切都需要从宝宝第一口进食就开始，这样才能让孩子适应进食方式，也能避免因强迫引起孩子对食物和喂养方式的抵触和抗拒。

我特别对爷爷提出了要求，不能仅仅关注宝宝"吃什么", 而更应该关注"如何吃", 如果没有良好的喂养方式和进食行为, 孩子的营养摄入吸收和胃肠道功能成熟都会受影响。"所以, 您千万不要追着喂饭, 否则的话, 您越强迫她就越不吃啦!"

Tips

1 知识点:

强迫进食不利于良好进食行为的培养, 影响膳食营养的消化和吸收, 导致营养不良风险增加。

2 敲黑板:

从辅食添加开始即应规律安排进餐时间, 固定进餐场所和环境, 营造进餐氛围, 及时识别吃饱的信号。

3 解矛盾:

年轻父母要多学习育儿知识, 多参与孩子的喂养, 在需要全家参与的活动前先进行沟通统一, 并在家庭中为孩子营造良好的进食环境和气氛, 同时为孩子示范正确的吃饭方法。

故事 7　终于弄清了孩子不吃饭的
原因

　　对很多家庭来说，孩子吃饭是头等大事，往往一些育儿矛盾也是由吃饭引发的，除了我们之前说的"逗着吃，追着喂"以外，还有另一种常见的错误喂养方式，就是——饭不够零食补。

　　暑假期间我在门诊接诊了一位带着四岁多的男宝宝来就诊的妈妈。妈妈一进门就着急地跟我说，孩子最近两周，晚饭几乎不吃，她每天下班后都辛辛苦苦给孩子做晚饭，可饭菜端上桌宝宝一点儿兴趣都没有，有时候几乎一口都不吃。她想了很多办法，都不奏效，于是担心孩子健康出了问题，赶紧带来了医院。经过检查，我发现孩子并没有任何疾病的征象，于是继续了解孩子的喂养情况。在交谈中我得知，妈妈白天上班，假期开始后就由爷爷奶奶帮忙带宝宝，每次问到孩子白天的吃饭情况，老人都说吃得挺好，所以妈妈自己有些内疚，怀疑是自己做的晚饭孩子不爱吃。凭借以往的经验，我高度怀疑问题出在了白天，就转过头来问孩子："宝宝最爱吃什么呀？"这个四岁多的男宝宝很清楚地回答说："饼干。"我接着问："哪里有饼干呢？""超市。"当天的门诊我没有给太多的建议，让妈妈一周后带孩子来复查，同时提出两个要求，一是要详细了解孩子白天的饮食起居情况，二是要带老人过来我当面给一些养育建议。第二周一家人带着孩子又来到门诊，还没等我开口，妈妈就告了爷爷一状："爷爷每天四点多都给孩子吃一大包饼干，五点多吃晚

饭，怎么能吃下去呢！"爷爷主动承认了错误，原来，每天下午他都要带小孙子到小区旁边的公园玩，公园旁边有一家小食品店，有一次孩子饿了，爷爷到里面买了一包饼干，小孙子一口气都吃了，从此一发不可收拾，爷爷说："每天下午回家前必须要给他买一包饼干吃，不给买就一直说，饿，饿，饿，我哪能忍心不给买！"果然问题出在这里。

《中国学龄前儿童膳食指南》基于学龄前儿童生理和营养特点，给出了五条建议：

规律就餐，自主进食不挑食，培养良好的饮食习惯；

每天饮奶，足量饮水，正确选择零食；

食物应合理烹调，易于消化，少调料、少油炸；

参与食物选择与制作，增进对食物的认知与喜爱；

经常户外活动，保障健康生长。

说到零食的选择，《指南》明确建议，零食是学龄前儿童全天膳食营养的补充，是儿童饮食中的重要内容，但以不影响正餐为宜。零食的选择应注意以下几方面：宜选择新鲜、天然、易消化的食物，如奶制品、水果、蔬菜等食物；少选油炸食品和膨化食品；零食最好安排在两次正餐之间，量不宜多，睡觉前半小时不要吃零食。此外，还需注意吃零食前要洗手，吃完漱口；注意零食的食用安全，避免整粒的豆类、坚果类食物呛入气管发生意外，建议坚果和豆类食物磨成粉或打成糊状食用。对年龄较大的儿童，可引导儿童认识食品标签，学会辨识食品生产日期和保质期。

所以，零食不是不能吃，而是"吃什么""怎么吃"和"什么时候吃"。针对这个宝宝，我给出了建议，一是午饭要吃饱；二是下午外出前可以吃一次简单的加餐，如一杯酸奶、一块水果和一小块面包，或者一个鸡蛋；三是外出活动时要补充水分，可以是一盒鲜奶和白开水，不要在正餐前大量吃零食。

Tips

1 知识点：

零食选择不正确会影响正餐进食量，打乱饮食规律，不利于膳食营养消化吸收，导致营养摄入不足。若零食含热量较高，还会增加肥胖风险。

2 敲黑板：

零食应选择新鲜、天然、易消化的食物，少选油炸食品和膨化食品；零食最好安排在两次正餐之间，量不宜多；睡觉前半小时不要吃零食。

3 解矛盾：

年轻父母要跟老人一起学习科学的育儿知识，注意了解和观察孩子的饮食和作息情况，必要时两代人可共同寻求专业人士帮助。

故事 8

妈妈逼着姥爷每天清晨去采购食材

　　隔代育儿的家庭矛盾的产生，大都源于年青一代和老一代育儿理念的不同，很多新手爸妈对宝宝的期望过高，由此也把很多压力转嫁给了老一代。为了让儿孙满意，老人也经常不得不"勉为其难"。

　　有一次我在门诊就特别"表扬"了这样一对老人。姥姥和姥爷帮女儿带小外孙，这天带孩子来做常规体检。十五个月的男宝宝身高体重、智力、运动水平发育得非常好，营养状况也特别好。因为孩子妈妈要求孩子吃的食材要最新鲜、最精细、最高级。姥姥非常自豪地对我说，照此原则，她把小外孙的一日三餐和两次加餐安排得非常丰富："每顿饭的主食饭菜都精工细作，每次做饭都得花上一个小时小火慢煮，做得又软又烂，生怕孩子吃了不好吸收。"这时姥爷在一旁也说话了，但听得出来，语气里含着一些抱怨："他妈妈说，给孩子做饭的食材必须要当天买，而且要去专门的超市买最好的，这不，我每天早晨七点钟准时出门去采买最贵的绿色有机食材，要赶在他姥姥给孩子做早饭前回来。有时候想着用前一天买的菜凑合一下，我闺女回家就数落我。"

　　我苦笑了一下，这对老人实在是太不容易了。

　　饮食均衡、营养全面是婴幼儿发育的基础，但应遵循一定的原则，讲究一定的方法，并不是越多越好，也不是越精越好，食材的选择更不是越贵越好。参照《中国0～2岁婴幼儿喂养指南》和《学龄前儿童平衡膳食指南》建

议，可以按以下几点来具体操作。

一是吃得要"杂"，就是全面，注重食物种类的多样性。膳食宝塔中的每一层，代表一类食物。在孩子的日常饮食中，不仅应该包含各类食物，同时，每一类食物中涉及的品种，也要避免单一。例如主食要有五谷杂粮，肉类要有红肉、白肉，蔬菜要有根茎类，也要有绿叶菜。对于已经成功完成辅食过渡的一岁以上的宝宝，为了保证营养全面，要注意食物搭配，每天让孩子吃不少于十种食物，每周不少于二十五种，每一类食物按照一定的比例构成。主食是膳食宝塔的塔基，由最初的精米白面，要逐渐增加五谷杂粮，塔尖是油盐，逐层递减，中间按比例分布着蔬菜水果，鱼肉禽蛋奶，这样才能够做到营养全面。

二是吃得要"准"，就是均衡，营养素的摄入量要适度。在孩子的生长发育旺盛期，各种营养素都有重要的作用，很多微量营养素是必不可少的，要保证每种营养素的均衡摄入。比如，钙元素是骨骼肌肉发育必需的营养素，其丰富的来源是奶制品、海鲜、禽蛋类，但同时还必须摄入足够的优质蛋白质保证骨骼发育；脂肪和糖提供运动所需的能量；除钙元素以外的其他营养素，如磷、镁、锌、铜以及多种维生素，都是骨骼肌肉发育中必不可少的。只有均衡摄入，才能保证发育的全部需要。

三是吃得要"活"，就是合理。要根据孩子的年龄、发育状况、身体条件、季节特点、饮食习惯、作息规律，做出及时的调整，特别是对于辅食添加阶段的婴儿，应从少量开始，避免出现消化不良。由于很多营养素，会因长时间的储存和高温蒸煮而破坏流失，因此，在食材的选择上，做到应季新鲜即可，食物烹饪时应尽量避免高温过度蒸煮，建议可生吃不煮熟，可完整不切碎，可低温不高温。

Tips

1 知识点：

0～2岁婴幼儿平衡饮食建议：在保证奶量摄入的同时，逐渐丰富食物品种，使其接受主食（粗粮谷物）、豆类、动物类蛋白质、蔬菜水果、坚果、菌菇类等，不同种类应合理搭配。

2 敲黑板：

吃得要"杂"，
吃得要"准"，
吃得要"活"。

3 解矛盾：

年轻父母应体谅老人的辛苦，注重儿童饮食的科学搭配而非豪华配置；应创造机会全家一起学习科学喂养知识，并结合实际情况适时调整。

故事 9　"孩子偏要吃"，差点酿大祸

隔代育儿常常会伴随很多问题，除了两代人的摩擦矛盾，还有很多安全隐患。我曾经遇到过不少真实案例，足以让大家引以为戒。

两岁四个月的玥玥平常由姥姥照顾。一天下午，姥姥很着急地给妈妈打电话说觉得孩子不对劲，午饭后一直说嗓子疼还用手去抠喉咙，不停地哭闹。妈妈赶紧从公司赶回家，回来看到玥玥，马上意识到可能出了大问题，赶紧带孩子去急诊。经过医生的诊断，高度怀疑是有异物卡在孩子的咽喉部，后经耳鼻喉科医生通过喉镜检查，发现在玥玥的食道入口处卡有带尖的异物，而且尖端已经刺进了食道壁。在局部麻醉下，医生取出了一块4厘米长的鸡骨头！万幸的是，鸡骨头没有刺破食道壁的血管，经过简单处理后没有出血感染等严重问题。妈妈和姥姥抱着玥玥哭了好一阵，姥姥更是后怕得捶胸顿足。

那么，事情是如何发生的呢？据姥姥回忆，当天中午她吃饭的时候啃了几个鸡爪，有两个吃剩下放到桌上没及时收走。在姥姥去刷碗的时候玥玥拿起鸡爪啃了几口，姥姥也没想到她真的吃了。后来才意识到问题就出在这两个鸡爪上！玥玥是幸运的，异物尖端距离食道的大血管还有一段距离，处理也还算及时，但是还有很多孩子没有这么幸运。

资料显示，我国每年有近五万名儿童因意外伤害而死亡，其中6%左右，近3000名是因为气道异物梗阻窒息死亡的。在儿科急诊，气道异物梗阻也是常见急症之一，发生

年龄多在 5 岁以下，3 岁以下最多，占 60%～70%，最小的孩子只有 1 个月，而送医前处理不当是造成死亡的直接原因。

小宝宝的吞咽和喉反射功能不完善，牙齿生长不完全，咀嚼功能差，喜欢用嘴去啃咬各种东西，对大人的食物感到好奇……这些因素都使他们容易发生异物卡喉和呛入气道。有小宝宝的家庭一定要特别注意，要把孩子不应接触的东西放到高处或上锁，及时清点坚硬的小玩具的数量，避免坚果、果冻、带坚硬果核的食物、鱼刺、骨头等食物让宝宝拿到，也不要让孩子口含食物时大笑哭闹。

除此之外，日常看护人还应掌握处理异物卡喉的技能，以免发生意外时处理不当。

首先是及时发现。当宝宝表现出表情痛苦、抓挠颈部、剧烈呛咳伴呕吐、发音异常、呼吸困难、面色发青时，应立即排查可疑物品或食物，如怀疑为异物卡喉，应马上停止进食，也不要喂水，要先安慰宝宝不要哭闹，以免将异物卡得更深，然后用勺柄放在舌前三分之二处轻轻平压，并在其他人的帮助下借光观察异物大小和位置，如位置可及，就用小镊子轻轻将其夹出，如看不到，就要尽快送至离家最近的医院。如果怀疑为坚硬的异物吸入，应第一时间拨打急救电话，等待时采用"徒手急救法"帮助将异物排出。方法有两个，一是胸部手指冲击法，让孩子平躺在硬一些的床板上，大人在足侧，或大人取坐位让孩子骑坐在两大腿上，面朝前，大人两手的中指和食指放在孩子胸廓下和脐上腹部，快速向上冲击压迫，反复操作直至异物排出。这个方法适用于一岁以上或体重基数比较大的宝宝。对于一岁以下的婴儿，可以采用背部拍击法，让宝宝骑跨并俯卧于大人的胳臂上，头低于躯干，施救者的手握住其下颌固定头部，并将其胳臂放在施救者的大腿上，然后用另一手的掌根部用力拍击婴儿两肩胛骨之间的背部 4 ~ 6 次，有助于松动异物和促使异物排出体外。最后无论异物是否排出，都要送医院进行检查。

Tips

1 知识点：

孩子异物卡喉时，千万不能试图用手掏、喝醋、吃大块饭团或馒头、大量喝水……这些做法都是错误的！

2 敲黑板：

日常预防要做好，急救方法要掌握。

3 解矛盾：

年轻父母和老人应一起学习紧急情况的预防和急救技能，并适时进行操作演练，还要定期检查居家环境，清除安全隐患。

故事10 让宝宝自己用手抓饭吃，到底脏不脏

伴随着固体食物的引入，宝宝必须逐步掌握一个技能——自己吃饭，但就是因为"让 Ta 自己吃饭"，家里两代人之间经常会发生矛盾。

桐桐八个月了，是个活泼好动的男宝宝，妈妈全职在家带孩子，住在附近的奶奶白天也过来帮忙，但是自从开始添加辅食，妈妈和奶奶之间发生了几次小摩擦，起因就是妈妈坚持让桐桐自己用手抓饭吃，孩子吃不好还不允许其他人去帮助。每当看到孩子满脸满身米糊菜泥，一桌子的饭粒果粒，奶奶就赶紧抢过餐盘喂宝宝，边给孩子擦脸擦手边埋怨妈妈："这么小的孩子哪能自己吃饭，糊到脸上的比吃进去的还多，这样下去，营养怎么跟得上！你看，桐桐把掉到桌子上的东西抓起来就放嘴里吃，也太脏啦！"但无论奶奶怎么说，妈妈仍旧坚持这么做，还不客气地对奶奶说："孩子怎么喂我自己管，您别插手。"惹得奶奶很不高兴，借着桐桐来体检的机会，找我来"评理"。我首先跟老人说了训练孩子自主进食的重要性，又给妈妈提出了建议，培养孩子自主进食的过程要循序渐进，不要操之过急，既要让宝宝得到训练，又要保证其营养摄入。

婴幼儿从满六月龄到两岁需要用一年半的时间完成固体食物的引入，在这个过程中，除了要逐步丰富膳食种类保证膳食均衡，用不同性状食物锻炼咀嚼能力，促进消化系统成熟之外，培养其良好的进食习惯和自主进食能力也

是其中重要的一部分。按照《中国0～2岁婴幼儿喂养指南》建议，在宝宝两岁时可以自己比较顺利地完成进食，不需要单独为其制备辅食。为了能达成目标，一般建议从第一口辅食开始，就鼓励宝宝自主进食。可以为宝宝准备好专用餐具，并在其中装好辅食，同时陪伴进餐的家里人面对面地用勺舀起或拿起自己餐盘中的食物，让宝宝模仿大人把食物放入口中咀嚼并咽下的动作。一岁以内的小宝宝，可以自主进食的食物量有限，需要有人辅助喂食。为了充分锻炼其咀嚼能力，喂饭的时候，大人应将食物放置在餐勺的前端，送至宝宝上下唇之间即可，让其自主推动和搅拌食物，不要送到舌根部。为了增加婴儿对食物以及自主进食的兴趣，可以在添加辅食之前就将餐勺餐盘交给宝宝玩耍，同时在进食过程中不要随意打断，包括擦手擦嘴、抱离餐椅、拿走餐具等。

　　我对桐桐奶奶说："孩子必须学会自己吃饭，就应该从现在开始锻炼。小宝宝们都是这样的，一顿饭吃得满脸满身。另外，把餐桌上的食物捏起来放到嘴里也是很好的锻炼手指精细动作的过程，可不能因为怕脏而影响了孩子的发育啊！"同时我也针对桐桐妈妈和老人的沟通方式给了她一点建议：两代人的育儿观念必然会有分歧，但年轻人和老人交流的时候切忌只说结果不说方法，只给任务不说理由，这样只能使矛盾进一步加深。

Tips

1 知识点：

训练宝宝自己吃饭，有助于其生活自理能力的训练，有利于专注力的提高，还可以促进手部精细动作发育。

2 敲黑板：

大人应准备好宝宝单独使用的餐具，陪伴宝宝进餐，让宝宝模仿大人的吃饭动作，且吃饭过程中不打断。

3 解矛盾：

两代人应共同保持育儿知识的持续学习，年轻人和老人沟通交流时切忌只说结果不说方法，只分配任务不说清理由。

故事11 宝宝睡不安稳的原因竟是晚饭吃得太清淡

　　我遇到过很多宝宝不吃饭让全家人发愁的案例，与之相反，也有不少怕孩子吃得太多，刻意控制的例子，当然，这也是错误喂养方式的一个表现。

　　有一次，一个妈妈带着奶奶和姥姥一起来门诊找我，对我说家里的宝宝一岁多了，夜里经常睡不好觉，常常在十二点前后醒来要奶喝，不给就哭闹，每次要喝一大瓶奶，才能再次入睡。妈妈排查了很多让宝宝睡不安稳的原因，包括居室温度、穿衣厚薄、睡前仪式等，也排除了患病的可能，后来想到："孩子夜里醒来喝奶，是不是真的被饿醒了呢？"因为孩子白天一直由老人带，妈妈每天下班回到家，宝宝已经吃完晚饭，就仔细询问了一日三餐的饮食情况。她发现姥姥和奶奶很少让孩子晚饭吃肉，这难道是睡不安稳的原因吗？为了弄清原因，妈妈找了个让老人能接受的方法，就是找专业人士来帮助。了解到这些情况，我先对这个1岁2个月的男宝宝进行了全面评估，发现孩子的发育指标很好，也没有任何疾病征象。当我向两位老人询问宝宝一日三餐如何安排时，姥姥和奶奶几乎异口同声地对我说："这孩子太能吃，给啥吃啥，我们生怕他积食，吃多了影响睡觉，就让他晚饭吃得清淡些，一般就喂点儿菜粥或菜饼。"到此我找到了宝宝睡不安稳的原因——没吃饱！很多老人认为晚饭要吃得清淡，但对于生长发育旺盛期的婴幼儿来说，一味清淡就可能意味着无法保证充足的热量和蛋白质摄入，无

法满足生长需要，甚至还会导致发育迟缓、贫血等严重问题。

处于生长发育过程中的婴幼儿和学龄前儿童对各种营养素的需求量都很高，针对这个年龄段的生理特点和营养需求，"膳食指南"明确指出，"顺利添加辅食后，要合理安排幼儿和儿童的每日膳食，其饮食营养应由多种食物构成的平衡膳食来提供，规律就餐是其获得全面、足量的食物摄入和良好消化吸收的保障"。建议每天应安排早、中、晚三次正餐，在此基础上还要有两次加餐，一般分别安排在上、下午各一次，晚餐时间比较早时，可在睡前两小时安排一次加餐，加餐以奶类、水果为主，配以少量松软面点。晚间加餐不宜安排甜食，以预防龋齿。两正餐之间应间隔 4 ~ 5 小时，加餐与正餐之间应间隔 1.5 ~ 2 小时。为了保证其发育和运动消耗需要，建议一日三次正餐的能量分布为 3：4：3，也就是说，与午饭相比，晚饭提供的热量可适当减少，但应为午饭的 75% 左右，同时膳食营养构成应适当地分布在主食、动物类蛋白质和蔬果中，才能保证营养均衡。在为人体提供热量的食物中，脂肪所提供的热量分别是碳水化合物和蛋白质的两倍多，同时蛋白质又为生长发育所必需，动物类蛋白质中含有丰富的脂肪和蛋白质，因此，是必不可少的食物构成。

"这就是为什么我要强调晚饭也一定要有肉。孩子吃不饱，就睡不好，睡不好，就长不好！"我对两位老人说，同时也给出建议，如果担心孩子的消化负担太重，可以适当增加晚餐中蔬菜的比例，大致比例为主食一份，肉类一份，蔬菜两份，也可以把含纤维较粗的瘦肉做得软烂一些，这样就不用担心宝宝积食了。

Tips

1 **知识点：**

过于清淡的晚饭，无法提供宝宝发育和运动所需能量。蛋白质摄入不足，会影响营养摄入，引起睡眠不安。

2 **敲黑板：**

一日三次正餐的能量分布为 3：4：3，晚餐构成比例建议为：主食一份，肉类一份，蔬菜两份，也可把含纤维较粗的瘦肉做得软烂一些。

3 **解矛盾：**

年轻人要及时、适时、讲究方法地为老人提供科学的育儿知识，老人也应主动了解一些现代育儿观念，与时俱进。

故事12 苹果到底是蒸熟了吃，还是生吃

在前面的案例中，我提到了为了确保膳食营养不被过多破坏，在制备饮食过程中，应做到"可生吃不煮熟，可完整不切碎，可低温不高温"的原则。"可生吃不煮熟"指的就是对于能够直接食用的蔬菜和水果，切忌加热导致营养素被破坏，但看似容易，实际往往很难做到。特别是对刚刚开始添加辅食的小宝宝，很多家长认为"必须把水果蒸熟了再给孩子吃"。我在门诊几乎每天都会被问到类似问题，也常常会有两代人存在分歧来找我求证的。

一次，奶奶和妈妈带着七个月的宝宝找到我，在对孩子进行评估的过程中，奶奶和妈妈就你一言我一语地开始提问。奶奶说："李主任，您说孩子这么小，还没长牙呢，能吃生苹果吗？他妈两周前就每天喂点儿苹果泥，直接就是生苹果打成泥喂，孩子能消化吗？"妈妈在一旁马上反对："我看过一些育儿指导，都建议要保证食物的营养就不要过度加工。您把苹果泥蒸熟了，好多营养就被破坏了。况且宝宝吃了生苹果泥也没出现任何问题，怎么就不能吃生的了？"眼见着这娘俩在我面前就要吵起来，我赶紧说道："好，咱们今天就把如何给孩子吃水果这件事弄明白。"

婴幼儿辅食添加的目的首先是为生长发育提供全面的营养保证，在此过程中还应注意消化系统的成熟和行为认知需求。因此，逐渐丰富食物种类的同时必须关注营养素的合理搭配以及食物的不同性状。在辅食添加阶段的婴幼

儿膳食构成的几部分包括米面类主食、鱼肉蛋等动物类蛋白质、蔬菜水果和奶制品。蔬菜水果是较早引入的固体食物，由于不同食物天然味道不同，在引入过程中应保持食材的天然味道，不仅不要添加任何调味品，而且在制备过程中也尽量不要破坏原有味道，这样才能让孩子逐渐尝试各种口味，逐渐接受不同的食物味道。这样做，不仅能保证辅食添加的顺利过渡，而且能很好地促进宝宝的味觉发育。尽量保持食物新鲜，减少蒸煮煎炸等烹饪的另一个重要原因是防止营养素的破坏和流失，特别是富含各种维生素和微量营养素的蔬果类食物更是如此。以常见的维生素C为例，在高温下就会迅速被破坏，超过80℃加热十分钟，食物中超过一半的维生素C就会被破坏。同时，让孩子尝试未经蒸煮的水果蔬菜，还能很好地锻炼其咀嚼和吞咽能力，对消化系统的成熟和口腔肌肉骨骼的发育也是必需的。

我对奶奶说："正是因为孩子小，辅食添加刚刚开始，我们才应该让他尝试各种食物的味道，而且是——原汁原味，这样他才能逐渐建立自己对食物口味的喜好，比如说苹果，有的偏酸，有的偏甜，有的软，有的脆，就应该自己去感觉，而且这对孩子的消化系统成熟，甚至对说话都有好处啊，您不用担心，孩子的胃肠道已经具备了对这些食物的消化能力，不会出问题的。"同时我又提醒妈妈，在孩子吃未经蒸煮的蔬果时，要按照循序渐进的原则，生吃前一定要洗净，性状应从细腻的糊状开始，慢慢地增加颗粒粗细，每次只尝试一种，让孩子适应三到五天，确认无异常再加新品种。如果孩子出现呕吐腹泻，或大便中有较多不消化食物颗粒，即需要考虑将此种食物暂停，或减量并再磨细。而对于鱼肉蛋等动物类蛋白质食物，为了确保安全并减少过敏反应的发生风险，则应充分煮熟或蒸熟后食用。

Tips

1 知识点：

辅食过度蒸煮软烂，会影响宝宝味觉发育，不利于锻炼其咀嚼和吞咽能力，干扰消化系统顺利成熟。

2 敲黑板：

孩子的辅食，应保留食物的自然味道，制备过程中尽量减少高温蒸煮，可生吃的蔬果类食物可直接食用，注意品种和性状的合理添加及过渡。

3 解矛盾：

年轻父母向老人讲解科学喂养知识时，应有理有据，注意方式方法，使老人逐渐接受，并应将不当喂养的危害告知老人，意见不统一时应借助专业人员的帮助。

故事 13

不给孩子吃盐，怎么能有力气

　　满满一岁了，是个可爱的小姑娘。爸爸妈妈工作忙，自从妈妈产假后上班，姥姥和姥爷就过来帮着照顾孩子。两代人一直相处得挺融洽，可最近因为满满吃饭的问题，妈妈和姥姥之间闹了几次不愉快。

　　满满六个月以后开始添加辅食，在全家人的通力协作下，半年的时间孩子已经接受了常见的食物，而且能吃小块状辅食了，大部分时间都能很好地自主完成一顿饭。但最近妈妈发现姥姥在给满满做饭的时候，每次都要"加上点儿味道"，不是加点盐，就是点几滴酱油或蚝油，甚至还有几次，姥姥把大人炒菜的菜汤直接加到满满的饭里。妈妈阻止了几次，姥姥就不高兴了："孩子吃了半年多没滋没味的饭了，别的调料不让加，连盐也不能加，不吃盐怎么能有力气？满满现在走路还要人扶，就是因为饭里没加盐！"满满爸爸妈妈体谅老人带孩子辛苦，都忍着没跟姥姥顶撞，但觉得无论如何要说服老人。在孩子进行一周岁发育评估的时候，带着姥姥一起来，想借此机会说服老人。我对满满进行了体检，发现孩子已经完全能独立站立，只是需要大人的辅助才能迈步，松开手就不敢走了。我对姥姥说："满满现在的发育正常，她不是不能走，而是不敢走，我们可以通过用玩具吸引和做游戏的方式鼓励她走，但绝对不需要大人架着胳膊练习走路，只要在 15 个月之前能独立走几步，就没问题，这和不给孩子吃盐可毫无关系！"

《中国0～2岁婴幼儿喂养指南》中关于辅食阶段对调味品的添加有明确建议：7～24个月辅食中不加调味品，尽量减少糖和盐的摄入。过早添加调味品会掩盖和改变食物天然的味道，严重影响宝宝早期味觉发育和形成，让孩子不再乐于接受"不好吃"的食物，从而干扰辅食添加进程。此外，调料中多余的钠、钾、氯、镁、磷、碘等金属离子也会增加孩子肾脏的排泄负担。坊间"不吃盐没力气"的说法就来源于钠、钾、氯离子是人体维持神经肌肉兴奋性活动的重要离子，摄入不足或大量丢失时就会出现无力、头晕，极度低下时甚至会出现心脏停搏。但在正常进食且无大量出汗、呕吐腹泻的情况下，完全不需要担心，因为上述离子广泛存在于很多食物中，比如奶类、肉类、海产品以及蔬菜水果，都含有大量的金属离子，而我们对调味品的依赖其实是满足对食物色香味俱全的需要。对于一岁以内的宝宝，食物和母乳或配方奶中提供的上述离子完全能够满足需要，因此不需要添加任何调味品。一岁以后可偶尔少量尝试糖盐，但无须每餐都加。两岁以后的儿童，对于盐的摄入建议三岁以内每日不超过2克，五岁以内不超过3克。但当出现一些特殊情况时，如剧烈呕吐、严重腹泻、短时间大量出汗等，则需要在医生指导下额外补充糖、钠、钾等离子。

我对满满奶奶说："我们大人的饭菜大多油盐过重，其实对健康是没好处的。让孩子过早尝试大人的食物，一是会让她不再喜欢吃自己的辅食，二是对她的健康发育也会有不利影响，您放心，她吃的饭、喝的奶足够让她有力气！"

Tips

1 **知识点**：

辅食过早添加调味品，会掩盖和改变食物天然的味道，严重影响宝宝早期味觉发育和形成，干扰正常的辅食添加进程，增加肾脏的排泄负担。

2 **敲黑板**：

一岁以内不添加任何调味品；一岁以后可偶尔少量尝试糖盐，但无须每餐都加；三岁以内每日盐摄入量不超过 2 克；五岁以内不超过 3 克。

3 **解矛盾**：

两代人讨论育儿方法时，都应有理论支撑，有权威出处，如一方接受困难可共同听取专业人士的意见。

故事 14 给孩子喂饭前的一个习惯 动作引出的争吵

　　正确的喂养方式不仅可以保证婴幼儿的营养摄入，利于良好的进食行为的养成，同时也能确保小宝宝在添加辅食过程中的卫生和安全，因为有时候看似不经意的一个动作就隐藏着安全隐患。我经常在门诊遇到这样的问题，由此也引发了很多隔代人之间的矛盾。

　　一次日常儿保体检中，一个九个月宝宝的妈妈跟我当面告了孩子奶奶一状："我看到奶奶在给孩子喂饭的时候有一个习惯动作，就是舀起一勺饭要放到嘴边吹一吹，有时候还会舔一舔，然后再喂给宝宝，这也太不卫生了！"一旁的奶奶马上不高兴地说："有时候饭特别烫，哪能直接喂孩子，我得试试温度合适才行啊！"妈妈接着跟我说因为奶奶一直有"慢性支气管炎"，常常会咳嗽几声，所以她一直提心吊胆，生怕孩子被传染了气管炎。她提醒了奶奶好多次了，甚至还吵了几架，可仍旧没解决问题。我在为孩子做了体检之后，又了解了奶奶的所谓"慢性支气管炎"也并不是感染导致的，而是季节因素引起的过敏性咳嗽，就安慰妈妈说："别担心，孩子的各项发育指标都很好，健康状况也没问题，老人的咳嗽不是感染引起的，不会传染的。"尽管如此，我也给奶奶提出了忠告，在给婴幼儿喂辅食的时候，应该避免一些不当行为，如大人嚼烂食物再喂，尝一尝、吹一吹再喂，都是不对的，这样做会让成人口腔内的有害致病菌直接感染孩子。

《中国0～2岁婴幼儿喂养指南》明确建议，在进食过程中应严格注意饮食卫生和进食安全。为了确保饮食卫生，在购买食材的时候应注意选择正规渠道，加工前应彻底洗净，必要时进行浸泡，生吃的蔬果可以去皮后再吃，肉蛋类和海鲜类食物要充分做熟，生熟菜板分开，不吃直接从冰箱内取出的食物等，这些都是必须做到的。当家里人有肠道或呼吸道感染性疾病急性发病时，不仅建议患病者不参与辅食的制备，也不建议其亲自喂养幼儿。为了保证喂养过程中的进食卫生，喂养人应摒弃不良习惯，如嚼烂食物、品尝食物、用嘴吹凉食物等。每个健康人的口腔和咽喉部都存在大量的细菌，其中一部分为有致病性的细菌，当人体抵抗感染的能力下降时，就会导致自身患病。据文献报道，对400例健康成年人的口咽部菌群进行分析，肠球菌、草绿色链球菌、金黄色葡萄球菌、黄色奈瑟菌及流感嗜血杆菌检出率分别为10.00%、92.50%、5.00%、77.50%和2.50%。来自另一组的调查数据显示，我国成人慢性牙周炎患病率已高达70%，发病因素中细菌感染是排在首位的，患者的口腔牙龈上存留有大量细菌斑。婴幼儿对细菌感染的防御能力相对成人要低，同时外部的很多因素会引起免疫力的波动，容易出现条件致病菌感染，因此应杜绝上述错误喂养习惯。

对于奶奶担心的食物温度过高，我也给出了建议："我们可以把饭放到餐勺里，轻轻晃动后再喂给孩子，这个过程也完全不需要担心食物过凉，让孩子逐渐接受室温温度的食物也是很有必要的。"

Tips

1 知识点：

大人嚼烂、品尝、吹凉食物喂养婴幼儿，会增加呼吸道和肠道感染风险，干扰辅食添加进程。

2 敲黑板：

把温度过热的食物放到餐勺内轻轻晃动后再喂给孩子，不需要担心食物过凉，应让其逐渐接受室温温度的食物。

3 解矛盾：

在纠正家人的错误喂养方式的同时，应详细说明相关科学原理，并提供正确且可操作的方法。

故事 /5   小胖墩养成记——"比赛看谁吃得快"

一天，我在儿保门诊遇到一个"小胖墩"。一岁十个月的宝宝，体重已经14.5公斤了，身高89厘米，综合评估BMI指数已经高于同年龄男童的97百分位。经过询问，我了解到孩子出生时就是一个体重4030克的巨大儿，出生后体重一直增长很快。尽管是母乳喂养，六个月的时候，孩子体重就已经10公斤了，接近一岁孩子的平均体重。在我问到辅食添加情况的时候，妈妈提供给我两个关键信息：孩子的日常饮食都由奶奶负责，老人的饮食习惯是主食类食物所占比例偏高，肉蛋鱼类食物偏少；最糟糕的是，奶奶时常跟家里人炫耀她有一个能让孩子"好好吃饭"的绝招，就是边喂饭边说："来和奶奶比赛，看谁吃得快！"在奶奶的"激励"下，小孙子常常是没等嘴里的食物咽下去就张开嘴吞进下一口饭，十分钟之内就能吃下满满一碗饭。我看了一眼身材匀称的妈妈，说："孩子出生时就是巨大儿，本来就有长成小胖墩的风险，所以就更应注意合理喂养。孩子现在不仅饮食结构不合理，同时进食方式也有很大问题。主食偏多，鱼肉蛋偏少，会影响蛋白质和很多营养素的摄入，胃排空时间短会增加进食量，摄入热量也会增加，再加上吃饭速度过快，很难控制进食量，所以要立即纠正这两种错误的喂养方式。"

不断上升的儿童肥胖发生率，已经成为不容忽视的全球性问题。资料显示，我国儿童肥胖的发生率已经突破了

20%，这些小胖墩们不仅可能在小时候就患上儿童 2 型糖尿病、高血压、代谢综合征，性早熟的风险会增加，同时成年期后糖尿病、高血压和冠心病的发病率较正常体重儿童会增加三到四倍，同时肥胖儿还有可能会引发自卑孤僻等心理问题。引起儿童肥胖的危险因素包括遗传因素、孕期因素、不良饮食习惯、不良生活习惯以及不良情绪影响，其中喜食甜食和零食、边吃边玩、进食速度过快、饮食结构不合理等不良饮食习惯，会增加 20% ~ 40% 的肥胖风险。

对于儿童肥胖，一定要尽早干预。针对这个小胖墩，我给出了建议。一是调整食物结构。主食要有一定量的粗粮，避免单一进食精米白面；肉鱼蛋的摄入量应与主食相等，且以奶制品、瘦肉和海产品为优质蛋白质来源；避免摄入过多脂肪，蔬果摄入量应为主食量的两倍，且水果不能多于蔬菜；控制糖盐摄入，不吃零食，不喝含糖饮料。二是控制进食速度。每餐时间应为半小时左右，让孩子养成细嚼慢咽的好习惯。三是保证每天不少于一小时的大运动锻炼，最好是户外活动，多做跑、跳、扔球等活动。四是每三个月到儿保门诊进行一次生长发育评估，包括营养状况的评估，结合评估结果及时调整干预方案。

我再次叮嘱妈妈回家后一定要跟奶奶说明小胖墩可能面临的问题。为了让他在三岁前"减肥"成功，奶奶一定要把好吃饭这一关。

Tips

1 知识点：

儿童肥胖不仅会增加儿童 2 型糖尿病、高血压、代谢综合征、性早熟的患病风险，还会增加成年期后糖尿病、高血压和冠心病的发病率，甚至给孩子带来心理问题。

2 敲黑板：

各位孕妈在孕期应切实管理体重。如孩子出生时体重过重，须密切注意生长发育曲线，严格科学喂养，发现肥胖倾向应早期及时干预。

3 解矛盾：

孩子的发育情况评估应全家公开，定期进行，医生的专业建议要传达到家里的每个成员；全家人应在统一认识之后，制定出具体的科学喂养方法。

健康与照护篇

 故事1

过度消毒引起的不仅仅是过敏性疾病

作为一个儿科医生，我发现在隔代育儿观念冲突中，年轻的父母一代同样存在很多的误区。

一天门诊刚刚开诊，一对年轻夫妇带着一个五个月的宝宝来就诊。就诊的原因是近一个月孩子出现了严重的腹泻，有时候一天稀便近十次，还伴随着阵发哭闹，睡眠不安，同时面部和四肢还有很多皮疹。我初步判断这有可能是牛奶蛋白过敏的表现，按照诊疗程序，我开始仔细询问相关的家族史、喂养史、养育方式和发病过程。夫妇俩你一句我一句地回答我的问题，当我问到日常孩子的奶瓶和餐具是否进行常规消毒时，爸爸忍不住告了妈妈的状，原来因为餐具消毒的事情，婆媳之间已经闹了几次不愉快了。事情的起因是这样的，平常他们常住姥姥家，每个周末要带孩子回奶奶家，妈妈每次都要带着孩子所有的专用餐具，"这还不是过分的，最过分的是要带着消毒锅。到了奶奶家每餐后餐具必消毒。"爸爸跟我抱怨，有几次奶奶拿了没消毒的餐具给孩子喂饭，妈妈立刻脸色大变，婆媳关系瞬间紧张，让爸爸非常苦恼。妈妈在一旁辩解："平常在姥姥家我也是这么做的呀，不光是餐具，宝宝的玩具我都用消毒水擦洗，洗衣服也都用消毒洗衣液！"我当即毫不客气地对妈妈说："孩子现在的问题和你过度地消毒有直接关系。"

牛奶蛋白过敏是引起一岁以内婴儿湿疹皮炎等皮肤问题的主要原因，同时还会引起腹泻、便秘、腹胀、呕吐、便血等肠道症状，由于肠道功能遭到破坏，很多儿童会出现生长发育落后，甚至睡眠情绪受影响。过敏性疾病发生的原因包括家族遗传、肠道屏障不完备和免疫平衡不完善，还与分娩方式、喂养方法和生活环境密切相关，其中过度使用消毒剂造成的婴儿肠道屏障功能成熟延迟，是目前很常见的一个原因。肠道是人体最大的免疫器官，肠道功能决定了免疫平衡，感染性疾病和过敏性疾病的发生都是免疫平衡遭到破坏导致的。肠道成熟的基础是一个由各种细菌组成的均衡的肠道微生态环境，新生儿出生时肠道基本是无菌状态，需要三到六个月的时间通过接触生活环境中的细菌来补充，包括母乳喂养接触母亲皮肤上的细菌，接触奶瓶、餐具、玩具、衣物上的细菌等。如果在日常生活中过度地使用了消毒杀菌剂，就会延迟肠道成熟，直接造成了患病风险增加。我对孩子妈妈说："不夸张地说，就是因为你把孩子的生活环境搞得太干净了，才造成他的湿疹和腹泻反复不愈，同时呼吸道感染、肠道感染的风险也会大大增加！"当家庭成员中没有急性传染性疾病患者时，保持居家环境正常清洁即可。正确的做法是，居室定时开窗通风保持空气流通，衣服被褥常规清洗，在通风处晒干，餐具和可水洗玩具用流动水清洗后充分干燥，物体表面和地面清水擦拭保持清洁，家庭成员规范洗手。做到这些，既可以保持良好的环境卫生，也可以满足婴儿肠道成熟的需要。

听我这么一说，妈妈认识到了自己的问题："我记住了，以后不做过度的消毒，更不会带着消毒锅回奶奶家了。"

Tips

1 知识点：

过度消毒，会破坏环境中正常的细菌环境，延迟宝宝肠道成熟，破坏免疫平衡，导致过敏性疾病患病风险增加。

2 敲黑板：

居家环境应采取正确的清洁方式，如有特殊需要应咨询医生，遵照医生的建议，使用正确的消毒方法。

3 解矛盾：

两代人要不断学习，共同遵循科学的居家清洁和消毒方式，充分认识到过度消毒给孩子造成的危害。

故事2 尿路感染的原因是把孩子照顾得太好

　　老人们在养育孙辈的时候，往往凡事都想代劳，从吃饭穿衣到洗手洗脸，都舍不得让孩子自己做。这样做的结果是不仅不利于孩子自理能力的培养，更令人担心的是会影响孩子的身体健康，增加患病风险。我在门诊就遇到过这样一个案例。

　　一个四岁女孩儿因为高热来就诊，最高达到39℃以上，妈妈同时向我讲述小姑娘一周前开始出现了一个异常状况，就是每天要跑十几次厕所去"尿尿"，无论是白天在幼儿园还是回到家，都很频繁，甚至夜间也经常在睡梦中坐起来叫"要尿尿"，有时候边尿边哭边喊疼。结合这些情况，我给小姑娘做了血、尿常规检查，结果发现白细胞等感染指标明显增高，同时高倍镜下尿液镜检显示视野内白细胞也异常增多，高度怀疑是泌尿系统感染，用了一周的抗生素治疗才好转。因为泌尿系统感染多由一些不良卫生习惯导致，因此我详细了解了孩子日常的一些生活细节，发现了一个有价值的信息。妈妈对我说，孩子一直是姥姥照顾，四岁了，姥姥还要帮着脱穿衣服，每次大便后擦屁股也由姥姥代劳。上幼儿园后，孩子大便后仍然不会自己清理。妈妈经常发现孩子小内裤上有没擦干净的便便，但一直没太在意。"问题就出在这里！"我对妈妈说，"大便中有大量细菌，小姑娘的尿道口距离肛门很近，很容易被大便中的细菌污染，不及时清洁就会引起泌尿系统感染。孩子没有掌握正确的便后清洁方式，很可能就是原因。"

　　宝宝入园后的前半年是令人头疼的半年，原因就是孩子这半年会经常生病，三天两头跑医院。这有季节气候因素，有生活环境和作息规律的改变，以及分离焦虑导致的抵抗力下降，还有一个重要的原因，就是幼儿自身没有养成良好的自理能力和卫生习惯，而这一切如果从小进行有计划的训练，就能在入园前顺利完成。其中有四件事，最应该在入园前好好训练。

　　其一，自主穿脱外套。孩子入园后，户外和室内活动交替比较频繁，需要及时增减衣服，而老师顾不过来的情况时有发生，因此孩子如果能在入园前学会自己脱穿衣服，至少是穿脱外套，能在外出活动时主动穿上，进到教室里及时脱掉，就能一定程度地避免感冒。其二，养成良好的进食习惯。孩子如能吃饭细嚼慢咽，不狼吞虎咽，不说笑打闹，能一定程度上避免吃饭时食物呛入呼吸道。其三，正确地洗手。在幼儿集中生活的场所，很多疾病会经手、口途径传播，这也是导致孩子生病的一个主要原因。在入园前，要让孩子学会正确的洗手方法，最好是学会七步洗手法，还要教会孩子洗手的几个关键时间，比如，吃饭前和排便后一定要洗手，用手遮挡打喷嚏和咳嗽后要洗手，揉眼睛、揉鼻子之前要洗手，在阅读公共图书和接触公共玩具后要洗手……打喷嚏和咳嗽时，应该用肘部遮挡，擤鼻涕要用纸巾或手绢按住一侧鼻孔。其四，就是如厕训练。可以从孩子一岁以后开始训练，争取在两岁半左右让孩子学会定时排便，及时排便，自己穿脱裤子，便后自己正确地清洁身体。

　　我对妈妈说："不能再等了，要尽快教会孩子大便后从前往后擦，每擦一次就换一张干净的纸巾，直到完全擦干净为止。最重要的是要告诉姥姥，孩子能做的事一定要让她自己做，这不仅是培养自理能力，也是健康防病的必需！"

Tips

1 知识点：

自理能力不足，对刚上幼儿园的幼儿影响巨大，孩子可能无法适应集体环境及气候因素的改变，饮食营养摄入不足，感染疾病的风险增加。

2 敲黑板：

入园前，应根据幼儿自身发育水平及时开始自理能力训练，包括自己脱穿衣服，良好进食习惯和卫生习惯，正确的洗手方法，如厕训练等。

3 解矛盾：

全家应一起制订幼儿生活自理能力培养计划。不论谁掌握了科学的幼儿日常训练方法，都应全家分享，形成统一认识，积极帮助孩子进行独立性训练。

故事3 "孩子感冒了不给吃药?"
医生说了我才信

冬季里的一天，门诊刚刚开诊，一位妈妈带着五岁的儿子急匆匆地来到诊室，还没等我开口询问，就边掏手机边跟我抱怨起来。原来小朋友前几天在户外活动时有点儿着凉，最近两三天出现了低热、流鼻涕，还伴随着几声咳嗽，妈妈认为就是普通感冒没必要吃药，除了向幼儿园请假在家休息之外，没有进行其他特殊处理。孩子从小由老人帮忙照顾，开始两天姥姥姥爷也还沉得住气，可到了第三天，看到孩子流鼻涕鼻塞还很厉害，就责怪妈妈不给孩子用药，也不带孩子看病，开始吼叫说："必须去医院！再这样耽误下去就成肺炎啦！"妈妈说："我劝了老两口几个小时，最终还是妥协了，答应他们今天一早就来看病，这才罢休，而且还叮嘱我，医生说不用吃药我们才信！"

我对孩子进行了检查，最终判断为普通的上呼吸道病毒感染，而且程度很轻，的确不需要特殊用药。妈妈最后非常无奈地向我提出了一个请求："您能在电话里跟我爸妈说几句吗？您说不需要吃感冒药，他们才相信。"最终，妈妈把电话拨通，让我当场跟两位老人交代了一遍注意事项，一场家庭风波才就此平息。

据资料统计，我国学龄前幼儿每人年均患普通感冒5～7次，而处理和用药却存在很多问题。2010年中国哮喘联盟和中国循证医学中心共同组织进行的关于"普通感冒的诊治现状与认知程度的调查"显示，小儿普通感冒的不合理用药情况非常突出，包括盲目用药、重复用药、不恰当的联合用药、过多使用抗菌药物和抗病毒药物等。由于小儿肝脏解毒和肾脏排泄等功能发育不完善，用药不当很容易引起不良反应，甚至对健康造成的危害远大于疾病本身。冬春季是普通感冒的高发季节，起病较急，可有打喷嚏、鼻塞、流清水样鼻涕、咽部充血等症状，症状开始于感染后的 10 ~ 12 小时，2 ~ 3 天达到高峰，之后逐渐减轻，一般持续时间为 7 ~ 10 天。因为普通感冒具有一定自限性，因此症状较轻的无须药物治疗，以注意休息，适当补充水，保持鼻、咽及口腔卫生，避免继发细菌感染为主。鼻塞严重时可应用生理海盐水喷鼻，六岁以上可使用减轻鼻黏膜充血剂，但连续使用不宜超过一周。体温 ≥ 38.5℃和（或）出现明显不适时，可采用退热药物治疗，但应严格遵循用药原则，不要频繁过量使用。禁用具有成瘾性的中枢镇咳药，在无明确细菌感染的证据时不滥用抗菌药物。由于目前尚无专门针对普通感冒的抗病毒药物，因此也无须使用抗病毒药。但在我国，普通感冒的中西医结合疗法已被广泛采用，而许多治疗普通感冒的药物又同时含有中药和西药，应用中药时应充分了解药物成分，选择最适宜的中药方剂或中西药混合药物。

　　我又叮嘱妈妈，针对普通感冒一定要做好日常预防，让孩子养成良好的卫生习惯，勤洗手，均衡膳食、保证充足的睡眠、适度运动、避免被动吸烟，在普通感冒易发季节外出戴好口罩，少去人多拥挤的公众场所。

Tips

1 知识点：

普通感冒不合理用药，对缩短病程无明确效果，而且会引起患儿不适，增加肝脏解毒和肾脏排泄负担，甚至引起药物不良反应。

2 敲黑板：

生活中做好日常预防，感冒症状较轻时多休息，适当补充水，保持鼻、咽及口腔卫生，避免继发细菌感染。

3 解矛盾：

不合理用药的危害应在家庭成员间充分学习、讨论，有争议时可共同寻求医生的专业指导，同时孩子的日常监护人还应注意就医指征，孩子生病时如不明确病情，建议及时就诊。

故事4 到底是不是一锅梨水让孩子退了烧

　　我上面讲到了小儿普通感冒不合理用药的问题，但另一个极端做法也不少见，就是认为"是药三分毒，生病了能扛就扛"，坚持不给孩子用药，这样做的风险同样很大。

　　有一次在门诊，一个妈妈向我"告状"，自己一岁多的儿子前几天夜间突发高热，体温很快上升到39℃，但看到孩子除了小脸儿红红的以外没有其他不舒服的表现，哄睡后也很安稳，妈妈就没做任何处理，打算如果发热不退或孩子有哭闹不安等表现，就给他喂退烧药。可奶奶却马上提出反对，一是孩子烧这么高不能不管，二是退烧药能不吃就不吃，当即就熬了一大锅梨水，不顾妈妈劝阻，整整一夜每隔半小时就抱起小孙子喂梨水，有几次孩子睡熟了牙关紧闭，奶奶就用勺柄撬开宝宝的嘴硬灌，不仅没能退烧，还让孩子一夜没睡好。第二天奶奶仍然坚持："感冒发烧一定要多喝水，吃饭也就喝点儿粥吧，不要再吃肉蛋这些不好消化的东西啦！"就这样连续三天每天奶奶都要让小孙子喝进去一大锅梨水，根本没有胃口吃其他食物。到了第四天，看到小孙子的体温降下来了，奶奶非常自豪地对家里人说："就是这三锅梨水让我孙子退了烧！"妈妈却后怕地跟我说："您不知道这三天我一直提心吊胆，孩子精神状态时好时坏，整天昏昏沉沉，有气无力的，幸好没出什么大问题，如果真的因为没有及时用药引起高热惊厥，那我就悔死了！"

　　对于小儿普通感冒，居家护理应注意以下几个问题：

保证休息，合理饮食，适当补充水分，正确用药，及时识别就医指征。小儿普通感冒是一个自限过程，从发病到痊愈需要一周左右的时间，这期间孩子自身机体的免疫力需要和病原体进行"抗争"。为了能让孩子打赢这场仗，我们首先应保证其充分的休息，充足的睡眠，不但不要轻易打扰其安静睡眠或休息，还应比平时多给予安抚，营造舒适的居室环境。建议三岁以下婴幼儿患病期间每日睡眠时长不少于12小时，学龄前儿童不少于10小时。其次是合理饮食，如果患儿没有合并明显的呕吐腹泻等胃肠症状，则饮食就无须太多禁忌，只需较平时做得软烂一些，且每顿进食不宜过饱，可少量多次进食。患病期间孩子的食欲和消化能力均可能有所下降，因此饮食应顺其自然，不要强迫进食。再次是适当补充水分，患病期间特别是有发热时，机体消耗比较大，水分通过皮肤和呼吸道蒸发的也比较多，因此应比平时多补充水分。一岁以内的宝宝完全可以通过增加母乳或配方奶喂养次数来完成，一岁以后可以是白开水，也可以是孩子平时容易接受的汤水，但应注意适度和适量，以不影响孩子进食和休息为原则。在没有呕吐、稀便等水分额外损失的情况下，1～3岁幼儿每日增加饮水量200～300毫升，4～6岁每日增加400～500毫升，6岁以上每日不超过1000毫升。接着是正确用药，关于普通感冒用药原则我在上一章节讲到了，这里我们重点说明退热药的使用。当孩子体温高于

38.5℃或因发热引起哭闹不安、肌肉酸痛等不适表现时，可以用退热药，但应注意两次用药间隔不少于 6 小时，24 小时内用药不超过四次，无论是口服给药还是直肠用药，都不建议交替使用不同种类的药物，也不要重复用药。最后是当孩子出现以下情形之一时建议及时就医：高热超过三天或发热超过一周，气促气喘、呼吸困难，面色改变，精神萎靡或异常亢奋，头痛，剧烈呕吐或腹泻，大量皮疹，关节红肿疼痛等。

Tips

1 知识点：

孩子普通感冒居家护理应遵循的原则是：保证休息，合理饮食，适当补充水分，正确用药，及时识别就医指征。

2 敲黑板：

孩子感冒，大人应不打扰其休息和睡眠，确保睡眠时长，少量多次进食，补充水分应适度、适量，退热药不建议交替或重复用药，出现就医指征应及时就诊。

3 解矛盾：

两代人应共同学习疾病护理知识。孩子患病期间，年轻人应随时关注患儿病情变化，发挥自己熟悉网络、擅长信息搜索的优势，帮助老人做出用药、饮食等方面的判断。

故事5　**一顶棉帽子引发的婆媳大战**

　　我们常听说"有一种冷叫奶奶觉得你冷"，而隔代育儿常常会出现"有一种冷叫奶奶觉得你冷而妈妈觉得你不冷"，甚至还因此闹出家庭矛盾。有一次我就亲自平息了一场纠纷，起因是婆媳二人为了是否要给孩子戴帽子而差点大打出手。

　　那是北京初秋的一天，天气刚刚转凉但白天还是艳阳高照，最高气温在 15℃左右，妈妈和奶奶带沐沐来儿保门诊进行常规体检，出门前因为穿衣服的事有过争吵，奶奶坚持要给沐沐穿上厚外套，妈妈拗不过就妥协了。孩子的体检过程很顺利，但门诊结束时却发生了意想不到的事，走出门诊大楼前奶奶非要给孩子戴上一顶保暖的绒线帽，妈妈这次实在忍无可忍了，然后就出现了这样一幕：奶奶刚把帽子戴在沐沐头上，妈妈就马上摘掉，反反复复争执不下，就开始推推搡搡起来，把一旁的沐沐吓得哇哇大哭……

　　自古以来流传着一句养生谚语叫作"春捂秋冻"，其含义是让人体慢慢适应气候变化，增加防病能力。这是有道理的。秋季气温逐渐转凉后，不要过早地给孩子穿上厚重衣服，而是让其接受寒冷刺激，锻炼耐寒能力，避免到了气温严寒的冬季，一旦受到冷空气侵袭，皮肤和黏膜的血管为了增加产热而急剧收缩，血流量减少，使身体对病原体的清除和防御能力大大降低。"秋冻"建议从夏末秋初开始，根据气温的变化，循序渐进地进行锻炼，既要让

孩子经受寒冷刺激，又要适度保暖，不要着凉，对于一些有基础性疾病的宝宝，更要注意"秋冻"的合理性。

首先，穿衣适度。穿衣合适的标准是，足暖腹暖，小手、前胸和前额温凉即可。可以贴身穿着具有一定保暖作用的内衣，容易穿脱的外套。当孩子手脚偏凉，则提示需要增加衣服，头热出汗时，应及时脱去一层外衣，但要注意慢脱慢减，避免着凉，同时不建议在秋季过早地给孩子戴上御寒保暖的帽子。其次，杜绝不合理的"贴秋膘"。合理的"秋冻"，也应体现在饮食方面，就是要让孩子的肠胃也经历"秋冻"。我国素来有秋季"贴秋膘"的习惯，但对于婴幼儿而言，不要在短时间内添加热量较高的食物，可以适当增加瘦肉、奶制品，增加过程中，应按照循序渐进的原则，避免一次性大量补充。再次，逐渐延长开窗时间，缩小室内外温差。秋季应适当延长居室开窗时间，以达到室内外温度一致，时间建议安排在孩子日常活动的时候，避开进餐和睡眠时，目的是尽量缩小室内外温差，让孩子逐渐适应气候变化，避免气温骤降对孩子产生影响，同时起到室内空气流通的作用。最后，"秋冻"的一个主要内容是坚持户外活动。户外活动可以安排在温差较大的早晚，目的是锻炼孩子对温差的适应能力，外出活动建议安排1～2个小时。在外出前先开启窗户，给孩子穿好衣服，当确认衣服穿着合适后再出门。

Tips

1 知识点：

秋季过度保暖，容易因温差变化导致孩子着凉生病，不利于对冬季寒冷气候的适应性锻炼，导致冬季呼吸道感染性疾病患病风险增加。

2 敲黑板：

合理"秋冻"，穿衣适度，适时增减，合理饮食，避免大量摄入高热量食物，延长开窗时间，缩小室内外温差，安排户外活动，进行寒冷适应性锻炼。

3 解矛盾：

向家人讲解婴幼儿适应寒冷训练的重要性时，应结合实际案例，说清理论依据，使全家共同认识到秋季过度保暖的危害。

故事6 "发烧要捂汗" 引发的热性惊厥

　　发热是机体对病原体或外界不良打击的生理反应。由于儿童自身免疫系统不稳定，对各种刺激的反应也较成人强烈，因此，发热在儿童中非常常见，但在家庭处理时，存在很多误区，甚至会导致出现更加严重的问题。很多人认为，"大人发烧的时候，喝碗姜汤，盖上被子，捂出几身汗烧就会退，小孩子也可以这样做"。我在接诊经历中就不止一次地遇到过因为"捂汗"诱发小儿高热惊厥的惨痛教训。

　　有一次夜班急诊室冲进来四五个家长，跑在最前面的爸爸怀里抱着昏睡的孩子。这是一个不满三岁的小朋友，据家长描述当天早晨孩子就有发热，体温一直波动在39℃上下，已经用了两次退烧药，但晚上体温再次升高，这时候爸爸妈妈都还没下班，奶奶这次没让吃药，而是让孩子发汗退烧，就在门窗紧闭的卧室里给孩子盖上两层厚被子，贴身还穿上了保暖内衣。这期间孩子的体温非但没有下降还持续上升，半个小时前突然出现了双眼凝视，四肢强直的惊厥表现，极度恐慌的家里人抱起孩子赶紧冲向医院……

　　热性惊厥，也称高热惊厥，绝大部分的单纯热性惊厥不会遗留后遗症，高发年龄阶段是0.6～5岁，其中1.5～3岁所占比例较高。惊厥的发作程度和发热程度不成正比，一般一次有发热的病程中，惊厥只发作一次，30%～40%会在5～6岁之前反复出现热性惊厥，出现热性惊厥后无论惊厥是否持续，都应进行感染指标、神经系统评估等检查，明确是否有复杂因素导致惊厥。热性惊厥一旦发生首先让孩子保持舒适的体位，解开衣物，松开衣领，侧卧位或平卧位，头倒向一侧，清除口鼻处的黏液或呕吐物，避免误吸。大部分患儿在两分钟到30分钟之内抽搐自然停止，如惊厥持续发作，即应考虑药物止惊。很多热性惊厥发生在体温急剧上升期，因此除了正确使用退热药物外，居家还应做好相关处置。过度保暖和门窗紧闭、靠大量喝水退烧、就医过程处理不当都是常见的错误做法。保暖过度，居室门窗紧闭都不利于自身经皮肤散热，会导致体温异常增高，正确的处理方法是，去掉厚重的衣被，保持居室空气流通，适当降低居室的温度（比平时低1～2℃），在此过程中注意室内外温差不要过大，温度不宜突然降低，并让孩子远离窗口处。发热时，机体循环增速，经呼吸和皮肤蒸发的水分会大大增加，同时应用退热药时也会造成孩子出汗增多，此时应该适当地增加水分补充，以保证尿量不减少为标准，不要期望仅仅依靠大量喝水来达到退烧的目的，以免造成体内水分和电解质平衡的紊乱。很多热性惊厥是在孩子就医途中发生，因此高热的孩子在就医出门前应先服退热药，就医途中应避免交通工具内温度过高，同时适当减少衣被包裹，打开衣领，去除帽子，利于散热，防止体温持续增高。

Tips

1 知识点：

孩子高热时过度保暖，不利于机体散热，会导致体温持续上升，增加热性惊厥的风险。

2 敲黑板：

孩子发烧时，应去掉厚重衣被，保持居室空气流通，适当降低居室的温度 1 ~ 2℃，在此过程中注意室内外温差不要过大，温度不宜突然降低，并让孩子远离窗口处。

3 解矛盾：

两代人应共同学习一些现代医学知识，有分歧时要查询专业科普书籍，或一同咨询医生；孩子生病时应及时关注处理方法和效果。

故事7 "盐蒸橙子"给孩子止咳

　　孩子生病的时候，很多家长会在情急之下相信"偏方"可以治病，老人更是如此，不能否认有时候这些"偏方"可以暂时缓解疾病症状，但无论是否有效都有一定的风险，其中最大的风险就是可能会延误对疾病的治疗。我在门诊就遇到过几个很典型的案例。

　　一个四岁小朋友感冒后频繁咳嗽，喝了好几瓶止咳糖浆都没有效果，姥姥就用网上看到的一个偏方"盐蒸橙子"，来给外孙止咳。吃了几天以后，家里人发现孩子的咳嗽非但没有缓解，反而夜间和活动后咳嗽得更加厉害了。妈妈不淡定了，不顾姥姥阻拦，赶紧带孩子来了医院。经诊断，孩子的咳嗽是上呼吸道病毒感染后引起的过敏性咳嗽，再加上正值冬春换季时环境中尘螨和花粉的浓度较高，所以表现出频繁的刺激性干咳。除了咳嗽之外，孩子还有鼻塞流鼻涕的症状，同样也都与环境因素有关。我对妈妈和姥姥说："针对小朋友的问题，需要应用抗过敏药联合解除气道痉挛的药物治疗，同时还要注意平时生活环境中和日常的活动时减少诱发气道敏感的因素刺激，例如居室要保持50%左右的湿度，清洁卫生时不要扬起粉尘，外出要戴好口罩等，最近外出活动也不要到开花植物较多的地方。另外，孩子咳嗽的主要原因是气道过敏，一般常规的止咳药是无效的，盐蒸橙子这类偏方更是不靠谱，如果不积极治疗，可能会使过敏性鼻炎反复发作，甚至还会诱发哮喘。"

咳嗽是人体的正常保护性反应，是呼吸道感染后的伴随症状，一般会随感染的好转而逐渐缓解，但如果反复咳嗽超过四周，且常规应用止咳药或抗感染治疗无效，就要给予重视了。6 岁以下的儿童，常见咳嗽有呼吸道感染后咳嗽、咳嗽变异性哮喘、上气道咳嗽综合征、胃食道反流性咳嗽，如果咳嗽表现为干咳，常在夜间和（或）清晨发作，运动、遇冷空气后咳嗽加重，有过敏性疾病的病史，或过敏性疾病的家族史，就要考虑过敏性咳嗽了。这种情况下，必须进行抗过敏治疗才能使咳嗽得到缓解。为了避免反复呼吸道感染引起的慢性咳嗽，即使在普通感冒的恢复期也不应掉以轻心，因为此时孩子抵抗力相对较弱，容易出现交叉感染，以及感染后的气道敏感引起对环境因素的过敏。户外活动时冷空气刺激后孩子咳嗽会更加明显，因此建议外出戴好口罩，不要在气温较低的清晨和傍晚外出，怀疑对户外花草粉过敏时，要远离鲜花盛开的树林草地等地方。日常要提醒孩子用鼻子呼吸，不要张口呼吸，以防止干冷的空气直接进入气道。不要在人流密集通风差的场所停留，活动出汗后，不要马上脱掉衣服。咳嗽往往会在夜间比较明显，这是因为夜间机体激素水平较低，气道敏感。另外，平卧体位也会由于鼻腔分泌物倒流和痰液引流不畅加重咳嗽，因此应尽量避免睡眠时的不良刺激，睡前两小时内不宜进食过饱，居室应保持空气流通，50% 左右适宜的湿度也可减轻干燥对呼吸道的损伤。超过半数的患儿对室内的尘螨反应敏感，所以在打扫居室卫生时应避免大量的扬尘。

我又特意对姥姥说："一些止咳的偏方可能对普通感冒引起的咳嗽会有一些缓解的效果，但对存在复杂因素引起的咳嗽是无效的，还可能会因此耽误治疗。如果您想尝试一些止咳方法，可以在孩子咳嗽厉害的时候喂上一勺蜂蜜，可以有暂时止咳的作用，但药物治疗是一定要坚持的。"

Tips

1 知识点：

轻信偏方治病，可能会延误治疗时机，掩盖疾病症状，造成病情迁延，并带来严重后果。

2 敲黑板：

常规治疗方法无效时应及时分辨就医指征，不盲目依赖偏方。

3 解矛盾：

全家人应多从医生、专家的渠道获取健康知识，不要轻信偏方治病。孩子生病时，全家应及时掌握病情变化，有问题找医生。

故事8　哄睡神器———动画片

　　视觉发育水平是儿保门诊需要重点评估的内容，可以通过对孩子日常的视物行为询问，在诊室中的观察以及辅助视力检查设备进行，可以早期发现视觉异常早期矫正。由于婴幼儿无法准确地表达自己感受，所以很多视觉发育异常是在门诊体检时被发现的。

　　一次常规的儿保门诊体检时，我注意到一个两岁多的小姑娘在搭积木时头离积木很近，紧盯着积木还不停地眨眼睛，我把家长叫到诊室仔细询问孩子的日常表现。在我的提示下他们告诉我，最近半年时间孩子走路爱摔跤，看绘本和玩玩具时头都要紧凑过去，吃饭的时候头也离餐具很近。我赶紧让测评老师为孩子做了视力检测，果然提示存在近 300 度的弱视，还好程度不重，可以通过日常视物行为训练来缓解。让家长非常困惑的是孩子弱视产生的原因。在排除了遗传因素、营养缺乏和疾病因素后，我提醒他们一定要注意孩子是否存在一些不良的用眼习惯。两周后孩子来复查，一进诊室爸爸妈妈就告诉我，他们找到了原因。原来，平时孩子主要由爷爷奶奶照顾，宝宝从小就有哄睡困难的问题，午睡前哭闹半个小时是家常便饭。爷爷自告奋勇地承担起了这个艰巨的任务，神奇的是自从爷爷哄睡，大家就再也没听到过宝宝哭闹，为此爷爷也得到了全家一致的表扬，有几次爷爷炫耀过他的"哄睡神器"——手机里播放的动画片。爸爸妈妈也没太在意，直到这次孩子视力检查出

现问题后才意识到，这每天半个小时的动画片竟是元凶！

婴幼儿期是视觉发育的关键时期，日常生活中的不良用眼习惯和不当的养育方法对视力发育有着很大的影响。相关研究显示，儿童的视力状况与其每天使用电子设备的时间有关，使用电子设备时间越长，视力越差。这是因为电子设备屏幕上强弱光纤的刺激对眼睛的损伤极大。很多家长会在孩子哭闹时打开手机或平板电脑上的视频吸引和安抚孩子，这对正处在视力发育关键期的婴幼儿视力伤害是非常大的。

为了保证视觉的正常发育，应做好以下几点。

一是饮食均衡，不挑食不偏食，优先母乳喂养，添加辅食后应保证每日一定量的奶制品、瘦肉、鸡蛋、豆制品等优质蛋白质的摄入，还要保证富含维生素A，微量营养素铬、锌等食物的摄入，如海产品、坚果、黄色和绿色的新鲜蔬果。二是要根据孩子的发育情况，采用合理的视觉训练方法，达到促进视觉发育的目的。视觉训练是一种眼睛和大脑一起做运动的训练方式，不仅可以增加眼睛的运动、聚焦、双眼的合作能力，视觉处理能力，避免出现弱视，同时还能促进大脑视觉神经认知系统的快速发育。三是必须做好眼睛的保护，避免外界不良因素的刺激，强光、紫外线、电子设备屏幕是常见的不良刺激。严格控制使用电子设备的时长。婴儿18个月之前，不建议使用，两岁以内每天累计不超过20分钟，三岁及以上不超过半个小时，同时应在连续观看五到十分钟后休息一会儿，并进行户外远眺让眼睛放松休息。四是应定期进行眼睛和视觉发育的检查，发现问题及时干预。按照儿童保健门诊的工作要求，儿保医生会定期对孩子进行视力发育的评估，评估的手段包括视力行为的测查和仪器设备筛查，在检查过程中不仅能发现一些先天视力发育问题，如先天性白内障、先天性弱视等，还能发现一些后天存在的问题，如眼部炎症、倒睫、鼻泪道堵塞等，发现问题及时处理，才能确保视觉发育不受影响。

Tips

1 知识点：

婴幼儿长时间使用电子产品，会影响视觉发育；缺乏户外运动影响体格和运动水平发育，不利于适应能力和社会交往能力的训练。

2 敲黑板：

每天安排一小时左右的户外活动或大运动训练；婴儿18 个月之前，不建议使用电子设备，两岁以内每天不超过 20 分钟，三岁及以上不超过半个小时。

3 解矛盾：

所有参与育儿的抚养人，都应主动了解过度依赖电子产品对婴幼儿的危害，年轻人要及时帮助老人解决日常养育过程中遇到的育儿问题。

故事9 给孩子喂葡萄糖水能不能退黄疸

超过半数的新生儿宝宝出生后会出现皮肤黄染的现象，临床上称为新生儿黄疸。新生儿黄疸根据是否存在疾病因素又分为生理性黄疸和病理性黄疸，生理性黄疸完全能够自然消退，但程度过高或宝宝有一些危险因素，就要进行医学干预了。因为新生儿黄疸要持续一到两周，甚至更长的时间，例如母乳性黄疸完全消退很可能要到出生后十二周左右。看到小宝宝的全身皮肤发黄很多家长非常担心，由此坊间也流传有很多"退黄"的方法，其中有些方法其实存在着很大的风险。

一次一个新手妈妈带着刚刚满月的宝宝来就诊，因为孩子的黄疸一直没完全消退，家里人很着急，姥姥就出了个主意，给孩子喂葡萄糖水！还亲自去药店买了几包葡萄糖粉，拿回家非要给孩子冲水喝不可。全家人都极力反对，但姥姥还振振有词地说："他妈刚出生的时候也特黄，我喂了一周的葡萄糖水就退了。"妈妈见说服不了，就赶紧提议带孩子来见医生，顺便也带姥姥一起来。我对孩子的情况评估后发现，这就是普通的母乳性黄疸，完全可以自行消退，就对姥姥说："孩子皮肤的黄染需要两三个月的时间才能彻底消退，不需要任何特殊处理，也不会影响健康发育。只要保证母乳喂养，让宝宝多吃多排，促进胆红素排泄就行了，葡萄糖水退黄的原理也是促进排尿，但喂葡萄糖水会严重影响宝宝进食，造成血糖大幅度波动，还

会让肾脏负担大大增加，宝宝是会出问题的！"

50% 的足月新生儿会在新生儿早期出现黄疸，早产的宝宝比例更高。出生一周左右是黄疸的高峰期，足月儿两周左右黄疸消退，早产儿可能需要三到四周消退。对于生理性黄疸和程度不高的母乳性黄疸无须特殊处理，但如果存在病理性的黄疸或胆红素水平过高（超过 18mg/dl），就要及时处理，以免造成急性胆红素脑病，导致不可逆的脑损伤。生理性黄疸一般在孩子出生后 2 ~ 3 天内出现，如果出生后很快（24 小时内）出现了黄疸，胆红素水平上升较快，或者对于存在一些高危因素和临床表现的宝宝，就要给予重视了。高危因素包括母婴血型不合，细菌或病毒感染，宫内或产时缺氧，头颅血肿，颅内出血，早产儿，低出生体重儿，胎便排出延迟，某些先天性疾病等，母亲妊娠期高血压和分娩前后应用一些药物等，也都会造成新生儿黄疸水平增高。对于新生儿黄疸的治疗首先应明确原因，治疗原发疾病。其次是治疗，光疗是应用最多的、最安全有效的方法，对于极重度黄疸或有脑损伤风险时会采用药物治疗或换血的方法，目的就是迅速降低胆红素水平，防止胆红素脑病的发生。对于不需要医学干预的黄疸，在居家过程中首先应保证充足喂养，促进胆红素经肠道排出，其次是注意观察皮肤黄染的范围和孩子的表现，如果皮肤黄染的范围不仅局限于头面、躯干部，而是已经加重到四肢甚至手足心，即应进行胆红素水平的检查。黄疸期间要注意观察新生儿的体温、吃奶、哭声、反应、增重以及排便情况，如果出现任何的异常情况，都需要及时就医，明确有无疾病状况。

Tips

1 知识点：

新生儿病理性黄疸会引起胆红素脑病，脑损伤后遗留神经系统后遗症，但大多数生理性黄疸无须特殊处理。

2 敲黑板：

保证奶量，监测皮肤黄染范围及新生儿的体温、吃奶、哭声、反应、增重以及排便情况，如出现异常情况，应及时就医。

3 解矛盾：

全家人应尽早学习科学的婴幼儿照护知识，了解新生儿黄疸的不同类型和处理原则，以及错误做法的危险性，在孩子出现异常情况时及时就医。

故事10 宝宝嗓子发炎了，必须吃消炎药吗

孩子生病，全家着急，一着急就难免"有病乱投医"。很多时候年轻的爸爸妈妈们面对生病的孩子还能沉着应对，但对于"隔辈亲"的老人，就很难了，往往第一反应就是赶紧吃药。我经常在门诊遇到因为给孩子吃药的问题引发两代人之间的争执。

有一次，妈妈一进诊室就从包里掏出两盒"某某素"来让我看，说她女儿五岁了，前几天有点儿着凉，两天低烧过后就一直说嗓子疼，也不想吃东西。见除此之外也没有任何其他异常表现，她就向幼儿园请假让孩子在家休息，并叮嘱姥姥让孩子多喝些温水。但下班回家后发现桌子上放着两盒抗生素药片，问了姥姥才知道已经让孩子吃了两片。姥姥说："孩子什么饭都不吃，就说嗓子疼，这肯定是发炎了，必须吃消炎药啊，明天还得接着吃！"劝说无效，她就带着姥姥一起来见医生。经过我的诊断，孩子是上呼吸道病毒感染引起的疱疹性咽峡炎，咽峡部的疱疹破溃后形成溃疡，吞咽食物和口水时就会产生很明显的刺激性疼痛。我对姥姥说："造成孩子嗓子疼的是病毒感染，需要一周左右的时间恢复。这种情况下，非但没有使用抗生素（消炎药）的必要，而且用药后会加重孩子的胃肠道不适，影响食欲，不利于休息，会让病程拖得更长。更加严重的是，滥用抗生素还有很多风险！"

抗生素，例如我们常听说的青霉素类，头孢类，四环素类，氯霉素类，等等，堪称双刃剑，它们既能治疗感染性疾病，但使用时又要警惕其对身体带来的不良反应。尽管抗生素的规范应用已经普及多年，但滥用现象仍普遍存在，由于抗生素的代谢过程在儿童体内与成人不同，而小儿各器官功能发育又不成熟，对药物的毒副反应较成年人更为敏感，所以，抗生素的不合理应用对孩子的危害极大。我国卫生部早在2009年就颁布了《抗菌药物使用规范》，严格规定了抗菌药物的分级和使用规范，临床医生要遵循抗生素安全、有效、经济、合理的使用原则，不滥用抗生素，不要让人类回到无抗生素可用的时代。抗生素在儿童身上常见的不良反应有过敏反应、毒性反应和局部刺激反应。在临床上，医生在选用抗生素时会从抗生素对病原微生物的作用和孩子机体状态两方面去综合考虑，慎重选药，必要时会进行细菌学检查及药物敏感性试验。家庭对于抗生素的使用应做到严格遵照医嘱，不自用，不拒用，不乱用！对于不明原因的发热，未确诊细菌感染之前坚决不用。因此，不建议家中常备"抗生素"，不建议家长根据经验判断自行对孩子用药。当然对于明确存在细菌感染，病情需要时，一定要"重拳出击"不要"谈药色变"，同时千万不要擅自改变用药剂量和用药途径，不要擅自停药和频繁更换药物，在用药过程中，密切关注孩子的表现，如皮疹、胃肠道症状（呕吐腹泻）、尿量尿色等，一旦有异常应及时复查。

Tips

1 知识点：

儿童不合理使用抗生素，可能会造成病程迁延、重复感染、过敏反应、听力损伤、肝肾功能受损、细菌耐药等多种问题。

2 敲黑板：

抗生素的使用必须牢记：不自用，不拒用，不乱用。

3 解矛盾：

向家人介绍不合理使用抗生素的危害时，要结合实际案例和基本的理论依据，要在家庭成员中培养谨慎使用抗生素的意识。

故事11　尿布和纸尿裤之争

　　两代人之间的育儿分歧往往出现在孩子发生问题时，所以作为儿科医生的我也经常担负着调解家庭矛盾的责任。

　　一次我在门诊接诊了一个三个月大的小宝宝，因为臀部皮炎来就诊。就是因为"红屁屁"一直不好，妈妈和奶奶当着我的面吵了起来。小宝宝的红屁屁已经持续一个多月了，而且越来越严重，奶奶埋怨妈妈："我就说尿不湿不能用，这么热的天儿，孩子穿着厚厚的纸尿裤，能不出问题吗？我说就应该用尿布！"妈妈也丝毫不让步："他一天要大便十来次，不用尿不湿，尿布根本来不及洗，再说也不卫生啊！"接着妈妈跟我诉苦，因为奶奶不让用纸尿裤，让她给孩子用尿布，不但红屁屁没有好转，还害得妈妈整夜不敢睡觉，生怕宝宝大小便了没有及时换，孩子也没法安稳地睡觉。经过诊断，宝宝臀红产生的根本原因是对母乳中的乳糖消化不充分，不仅导致大便次数多而且酸性很强，对皮肤的刺激极大，必须通过改善孩子的消化能力才能使臀红好转。我对奶奶说："孩子的红屁屁真的和尿不湿无关。和尿布相比，尿不湿有很多层，紧贴皮肤的一层是干燥的，也避免了细菌污染的风险。不管是纸尿裤还是尿布，用对了都没问题，但用不对就都是问题。"我又对妈妈说："小宝宝的皮肤比较娇嫩，使用纸尿裤时一定要做到及时更换，现在孩子的大便次数多，大便酸性强，在用药改善消化功能的同时，必须在每次便后用温水清洗，充分干燥后再涂抹护臀霜，这样才能治好红屁屁。"

　　有很多老人对纸尿裤存在误解，一是觉得不利于皮肤散热，二是认为长期使用会妨碍孩子自主排尿排便能力的锻炼，甚至还有的认为会影响男宝宝成年后的生育能力。其实这样的担心是多余的，因为纸尿裤是一次性使用，因此和尿布相比也更加卫生，避免细菌滋生，其良好的吸水性和透气性又可以使宝宝的皮肤避免长时间受尿液的浸泡，可以避免孩子在睡眠中被打扰，不仅有利于宝宝的睡眠，同时极大地缓解了家长的疲劳。与之相反，尿布存在清洗、消毒的麻烦，且尿液容易浸湿皮肤，更易造成局部细菌滋生等问题，使臀红和尿布皮炎发生的风险也相对较高。如果有的老人非常担心皮肤散热的问题，特别是在炎热的夏季，我建议不妨采取"尿布＋纸尿裤"的方法，白天尿布＋晚上和出门时纸尿裤。这样做，一是更加经济和方便。二是避免炎热季节宝宝活动后局部的湿热，让宝宝更凉快。三是可以保证宝宝睡眠时不被打扰，保证爸爸妈妈的休息。其实无论是尿布还是纸尿裤，在使用时都应做到尿便后及时清洁更换，并让皮肤充分干燥后再穿，避免穿戴过紧皮肤受损。因为小宝宝的皮肤娇嫩，对细菌感染的屏障功能不足，容易诱发严重感染，因此，如果宝宝的红屁屁非常严重同时伴随脱皮和渗出，就需要及时就医，在医生的指导下寻找原因，有针对性地用药。担心男宝宝使用纸尿裤会令其生殖器官长时间处于高温状态，长期使用会导致睾丸产不出精子从而影响男宝宝生殖系统的发育，这种说法更是毫无理论根据，因为男宝宝性腺的发育始于胚胎的8周左右，此时睾丸中的间质细胞就已形成并开始分泌雄激素，到出生时睾丸内负责产生精子的精原细胞已经准备就绪，到了青春期以后，精原细胞将在激素的作用下变形成为精子。所以精原细胞在母亲的体内就完成了，真正的激活是在青春期，与纸尿裤是扯不上关系的。那么，纸尿裤的使用是不是会影响自主排尿排便能力的形成呢？我将在下一个故事详细讲解。

Tips

1 知识点：

不合理使用尿布或尿不湿，会造成皮肤过敏、皮炎、感染，影响睡眠，不利于孩子的生长发育和家长的休息。

2 敲黑板：

尿便后应及时清洁宝宝私处，保持皮肤充分干燥后再穿新的纸尿裤（或尿布），炎热季节可以采取尿布＋纸尿裤的方法，一旦宝宝皮损严重建议及时就医。

3 解矛盾：

年轻父母要用科学道理为老人介绍纸尿裤的特点，消除老人对纸尿裤使用的误解和担心；如果选择使用尿布，则应确保全家合理地为宝宝使用尿布。

故事12 因为给宝宝把屎把尿，两代人天天吵架

上一个案例中讲到了老人对使用纸尿裤的担心，同样的担心还有怕孩子长时间穿戴纸尿裤就不会自主控制排尿排便，由此很多老人会从小就开始给小宝宝把屎把尿，这几乎是延续了几代人的训练方法。有一次，一位宝宝刚刚半岁的新手妈妈就跟我诉苦，就因为姥姥非要给孩子把屎把尿，而她自己又在网上看到这样做有很多危害，甚至还会影响髋关节发育，会导致宝宝肛裂、脱肛和成年后的痔疮等严重状况，就天天和姥姥吵架。

首先大可不必担心用惯了纸尿裤会影响孩子控制尿便的能力，因为人控制排尿排便的生理基础是大脑指挥尿道和肛门的括约肌来完成的，需要从出生后开始的两到三年时间，伴随着神经系统的发育而逐步成熟，是不会受使用纸尿裤影响的。其次，由于很多言论都把"把屎把尿"妖魔化了，认为这样做会影响髋关节发育，会导致便秘、肛裂、痔疮、脱肛，甚至还会由此产生很多心理问题，其实这些言论也并没有充分的理论依据。因此，年轻的爸爸妈妈们也无须过分担心，老人为孩子把屎把尿的后果也没有那么可怕。我们通过观察发现，给孩子把屎把尿的老人一般都是通过吃奶的时间和小宝宝的肢体动作、表情和发出的声音来判断孩子是不是想排尿排便，一旦发现有想排便的迹象，就开始把，并不是强迫排便，这样做只要注意安全和卫生，不在公共场所把屎把尿，对孩子也并无伤害。

　　和自主进食、自己穿脱衣服一样，如厕训练是培养孩子生活自理能力的一个重要部分，由于尿便的控制是伴随着神经系统发育成熟来完成的，通常认为在 18～24 月龄是训练开始的最佳时机，但因为个体发育情况不同，有的宝宝对膀胱和直肠充盈刺激的反应很早就比较敏感，七八个月时就会在要尿尿、要便便的时候给出信号，如小脸通红，发出"嗯嗯"的声音，此时家长们完全可以抱起宝宝脱去纸尿裤，放到便盆上让他排尿、排便，一岁左右开始要教会宝宝认识便盆的作用和放置的位置，建议便盆位置要固定在卫生间内，从认识便盆到模仿成人如厕开始，半年后就可以进行正式训练了。此时孩子的神经系统发育已日趋成熟，对膀胱直肠充盈的刺激也有明确感觉，可以从白天开始，在固定的时间，一般是喝奶或进食后半小时左右，或者发现宝宝有便意的时候，让宝宝自己坐到熟悉的小马桶上，用语言和动作鼓励宝宝，帮助其完成排便。如此重复，强化训练。当白天排尿、排便成功后，就可以采取睡前排空尿、便，夜间唤醒排尿的方法，逐步摆脱夜间尿不湿，这个过程一般会需要一年左右的时间，大部分宝宝会在三岁之前成功完成。在此过程中，家长们一定要注意两点，一是不要强迫，应以孩子为中心，通过观察其表情，按照进食作息规律逐步完成，切忌操之过急，也不要在孩子没有成功排便或尿床后给以斥责；二是通过奖励成功和做游戏的方式让孩子学会正确的如厕方法，包括区分男宝宝和女宝宝的不同，也要在这个过程中完成。

Tips

1 **知识点：**

先发现宝宝排尿、便信号后，再把屎把尿，可以帮助其较早形成规律的排便反应，但如果一味地强迫进行会造成宝宝的抵触和对刺激的混淆。

2 **敲黑板：**

在确保安全和卫生的情况下，可以在宝宝发出信号时协助排尿、便，按照发育水平在三岁前可完成如厕训练。

3 **解矛盾：**

两代人应全面充分地了解如厕训练的科学知识，正确掌握不同月龄孩子如厕训练的方法，认清利弊，不搞相互妖魔化。

故事 13　冬天到底有没有必要天天给孩子洗澡

　　一到冬季就会有很多家长咨询我一个问题：应该按照什么样的频率给孩子洗澡？特别是有的宝宝皮肤又薄又干，见到妈妈天天给孩子洗澡，越洗越干，家里老人就有意见了。

　　有一次，一位妈妈和奶奶带着一岁多的宝宝来就诊，原因是从秋冬季换季开始，快两个月的时间了孩子身上很多部位反复出皮疹，还特别痒，一到睡觉的时候孩子因为身上痒就不停地抓，根本睡不好觉。检查后我发现宝宝的四肢和臀部皮肤布满了抓痕，有的地方已经破溃感染，根据我的判断，是日常护理出了问题。就仔细询问起了家庭居室的温度、湿度、一日三餐情况以及洗澡和护肤品的使用。我刚开始问，奶奶就迫不及待地告了妈妈一状："我孙子从小皮肤就不好，三天两头出问题，不是红屁股就是湿疹，一岁以后才慢慢好了一些，从秋天开始孩子的身上就经常痒，摸上去又粗又干，特别是每次洗完澡，晚上就不停地抓。我跟他妈妈说不需要天天给孩子洗澡，他妈非说孩子老出汗身上脏，不仅天天洗还每天都用沐浴露，结果孩子越洗越干，越干越痒，皮肤烂得越来越厉害！"听了奶奶的话，我毫不客气地对妈妈说："这件事你做得确实不对！"

　　婴幼儿的皮肤完全不同于成人，突出的特点是薄，角质层菲薄，其下的皮脂腺、黑色素都很少，造成其抵抗外

界刺激的能力很差，同时孩子的免疫能力不足，病原体一旦经破损的皮肤进入，又会有继发全身感染的风险，特别是一岁以内的宝宝更加明显，因此需要日常特别关注。首先当然要做到及时清洁被污染的皮肤，包括尿便、奶渍、汗液和口水等。其次是尽量避免不良刺激，最常见的刺激是来自环境、衣物和人为的刺激，因此建议贴身衣物选择纯棉柔软材质，夏季外出注意防晒，外出活动的时间应安排在紫外线强度较弱的上午十点前和下午四点后，在户外尽量减少皮肤的暴露，如在水边或沙滩等紫外线强度很强的地方，应涂抹防晒霜。最后也是最关键的是做好皮肤的保湿，春夏季节可以使用润肤乳液，秋冬季用好保湿霜，关于洗澡频率的建议是夏季宝宝出汗多，可以天天洗，其他季节每周两到三次就可以，洗澡过程中还应注意不要频繁使用沐浴露，洗澡后在十分钟内擦干皮肤并涂抹保湿护肤品，一旦宝宝的皮肤出现干痒，即意味着需要加强保湿。针对皮肤存在湿疹和皮炎的宝宝，需要在医生的帮助下明确是否存在食物过敏，严重的湿疹和皮炎需要外用含皮质激素成分的药膏治疗，继发感染时还要使用抗生素类药膏，但在治疗期间，减少刺激和皮肤保湿同样是非常关键的。

我又对妈妈说："现在孩子皮肤有几处已经有皮炎的表现，按照我开的药每天涂抹两次就行了，我建议这个冬季给宝宝洗澡的频率是隔日一次或每三天一次,沐浴露的使用要选择刺激性最小的,同时一定要做好皮肤的保湿!"

Tips

1 知识点:

婴幼儿皮肤护理方面,应避免清洁皮肤不及时或过度清洁、衣物材质及大小不合适、护肤或清洁用品选择不当、不注意防晒导致局部皮炎、湿疹和晒伤等。

2 敲黑板:

及时清洁皮肤,衣物选择纯棉柔软的材质,夏季外出注意防晒,做好皮肤保湿,选择刺激性小的护肤及清洁用品。

3 解矛盾:

两代人都应保持学习,掌握婴幼儿皮肤日常护理的科学方法,及时发现孩子的皮肤问题,必要时请医生进行专业诊断。

故事 *14*　"孩子不愿意坐安全座椅，来，我抱着"

　　我相信每个家庭都会把孩子当成宝贝一样呵护，但是在临床工作中我也会遇到人为过失造成的损伤，有的是非常惨痛的教训。所以出于职业的敏感性，我一旦发现看护人对孩子的做法有危险，就忍不住上前制止。我曾不止一次地在停车场见到这样的场景：几岁的孩子因为不愿意坐安全座椅，就哭闹不止，一边是爸爸妈妈坚持让宝宝坐，另一边是老人心疼孩子就出面说情："孩子不愿意坐就别坐了，又热又不方便活动，我抱着他坐副驾驶座上，系上安全带不就可以了吗！"我还见到过一个爷爷一把抱起了坐在安全座椅里哭闹的孙女说："来，爷爷抱着，我们坐后排座，一样安全！"每到这时我都会上前制止老人，和年轻人一起说服他们。

　　我国五岁以下儿童死亡的主要原因中，损伤和中毒永远排在前三位，且有逐年上升的趋势，其中交通意外是意外损伤中的常见原因。自 2009 年以来，我国已取代美国连续蝉联世界第一汽车产销大国，而遗憾的是，根据交通部门的资料统计，每年有 1.85 万名 14 岁以下儿童死于车祸，儿童发生交通事故的死亡率是欧洲的 2.5 倍，是美国的 2.6 倍，其中除了儿童突然出现在机动车道上引发的事故，常见原因还有儿童安全座椅的使用率非常低。据中国质检总局发布的数据显示，我国儿童汽车安全座椅的使用率仅有不到千分之一！而 20 世纪 80 年代开始，国际上

很多国家相继出台相关的法规强制儿童乘车时必须使用汽车安全座椅，正确地使用安全座椅可以使交通意外中的儿童死亡率降低 70%。私家车的迅速普及和安全意识的不足，令很多家长存在这样的错误做法：一是儿童乘车系成人安全带，二是儿童坐在副驾驶位，三是家长将孩子抱在怀中乘车，这些都是非常危险的。汽车座椅上的安全带的使用限制身高是 150 厘米以上，而对于身高不足的儿童，车内安全带的位置刚好在其颈部，若儿童坐在副驾驶座位上，在紧急刹车安全气囊打开时，正好打在其头颈部，气囊瞬间就成了致命的杀手。此外实验证明，在汽车时速达到 48 公里时，一旦紧急刹车，一个 5 公斤重的宝宝就会产生自身体重 30 倍的力量，也就是 150 公斤，父母想通过怀抱来保护孩子是不可能的，同时孩子还会受到大人的挤压，造成双重伤害。因此建议体重在 36 公斤以下，身高不足 150 厘米的儿童和婴幼儿，在汽车行驶时均应使用安全座椅。在使用和安装汽车安全座椅时需要注意，体重小于 9 公斤的婴儿安全座椅应反向安装，避免在发生紧急情况时损伤颈椎，体重 9 公斤到 18 公斤的幼儿可使用面朝前安装的幼儿专用安全座椅或可转换方向的两用座椅，体重超过 18 公斤的儿童应加高座椅靠背。有很多家长因为孩子拒绝坐安全座椅而束手无策，可以在日常通过做游戏的方法让孩子接受，也可以耐心引导，告诉宝宝："你不坐上去汽车就不会动哦，你和爸爸一样是超级棒的司机啊。"
孩子在安全座椅中时周围最好有大人陪伴，用讲故事、说
儿歌的办法分散其注意力，以达到确保安全的目的。

Tips

1 知识点：

不正确使用汽车安全座椅，可能导致发生交通意外时儿童死亡和伤残。

2 敲黑板：

体重不足 36 公斤，身高不足 150cm 的儿童和婴幼儿均应正确使用汽车安全座椅。

3 解矛盾：

掌握儿童安全乘车相关知识的人，应向全家进行科普，教会全家人汽车安全座椅的使用方法，并采取合理的方式让幼儿接受安全座椅。

故事 /5　"周末让你们带两天，周一准生病"

　　周一的早晨，门诊刚刚开诊，一家人就带着四岁的嘉嘉来就诊。孩子后半夜又吐又泻，凌晨还开始发烧，眼看着精神萎靡，昏昏沉沉的，全家人都很着急，赶紧带来看病。经过我的初步判断，嘉嘉是病毒感染引起的胃肠道症状，已经连续八个小时没排尿了，有脱水的表现，就先安排孩子到观察室静脉输液补液，再做一些必要的检查。考虑到孩子的感染应该有接触史和诱因，我就向家长详细询问过去的这个周末嘉嘉的饮食起居情况和到过哪些场所。还没等爸爸妈妈开口，孩子的姥姥生气地说话了："我就觉得她爸妈带孩子有问题，嘉嘉平时在幼儿园吃饭睡觉都有规律，可一到周末就全部打乱，晚上不睡、早晨不起，白天也不睡午觉，带着孩子到处去玩儿，到处乱吃，已经有好几次了，过个周末周一准生病，这次肯定又是在外面吃了不干净的东西！"看着旁边一脸委屈的年轻爸妈，我赶紧把话题引开："孩子的化验结果显示的是诺如病毒感染，应该是这两天接触了生病的小朋友，不过不要紧，只要注意好饮食，补充好液体，经过三到五天的时间就会好的。"同时，我也对姥姥说："他们做父母的平时工作忙，周末难得有时间陪陪孩子，玩得开心一点儿也可以理解。另外，也不能说出去吃就一定不干净。两代人要互相体谅。"

　　诺如病毒感染引起的肠炎由于传播速度快，也被称为

"胃肠流感"，手口途径是主要的传播方式，也可以通过污染的水源、食物、物品、空气等传播，孩子感染诺如病毒后主要症状是恶心、呕吐、腹痛和腹泻，其中呕吐症状最普遍，严重时会合并脱水和电解质紊乱，病程多为三天左右，大部分为轻症，治疗以补充足够水分预防脱水为主。患儿应居家隔离，妥善处理其呕吐物和排泄物，饮食以少食多餐为原则，以呕吐为主的患儿更应避免一次大量进食或喝水，以口服补液盐经口补充电解质液、预防脱水，少量多次，以不再出现呕吐、尿量维持正常水平为最佳效果。一旦出现大量频繁呕吐，经口补液困难，同时孩子出现尿量减少，或精神萎靡、嗜睡等情况，应及时就医，考虑是否需要静脉补液，其间居室应定时开窗通风，家庭成员要规范洗手，严格执行分餐制，患儿的餐具要进行开水煮沸 10 ～ 15 分钟消毒。由于小朋友自身抵抗力弱，自我防护意识不强，因此，诺如病毒的传播常常发生于小朋友聚集的场所，而且孩子的抵抗力越差感染的风险越高。

我对嘉嘉的爸爸妈妈说："小朋友的作息规律被打乱，得不到充分的休息，也会让她的抵抗力受到影响，我建议即使是周末休息日，也要让孩子按时吃饭按时睡觉，否则不仅让她周一又感到不适应、不舒服，同时也会因此影响孩子的健康。另外，带孩子参加各种活动是非常好的，但要注意选择通风良好和安全卫生的场所，其间也要提醒孩子不要末经洗手就拿东西吃，不用脏手揉眼睛揉鼻子，等等，这些良好的卫生习惯要从小养成。"

Tips

1 知识点：

诺如病毒感染的主要表现为发热、呕吐和腹泻，严重时会引起脱水和电解质紊乱。

2 敲黑板：

诺如病毒应以预防为主，患病期间要居家休息，预防脱水，饮食少量多餐，如出现精神萎靡、嗜睡等情况，及时就诊。

3 解矛盾：

年轻人带孩子不能太贪图亲子间的欢乐而忽略了安全和健康，一旦发现自己有做得不好的地方应主动向老人说明，及时改正。老人也应尽量做到事先提醒，事后体谅。

语言与运动篇

故事1 孩子太小不能抱出门吗

北方的春季是万物复苏的季节，经过了一个寒冷的冬季，随着气温转暖，孩子们到户外活动的时间增多了，但就是因为能不能带小婴儿到户外这件事，几乎每个家庭的两代人之间都发生过矛盾。

一天，我接诊了一个夜间哭闹睡眠不安的小宝宝，三个月的女宝宝各项发育指标都很好，但是最近一周经常在入睡后出现莫名的剧烈哭闹，小手小脚乱蹬，常常需要一个多小时才能安抚入睡。家长开始以为她哪里不舒服，可是除了夜里哭闹以外，宝宝白天吃睡玩都没有任何问题，连续几天以后家里人纷纷猜测宝宝出了什么问题，最终爷爷把原因归结到了妈妈带孩子出门晒太阳这件事上。爷爷说："孩子这么小，春天风又大，怎么能让她在外面一待就是半小时呢！肯定是让风吹坏了，赶紧带孩子到医院检查一下！"我对宝宝检查后并没有发现异常问题，又得知小宝宝自从出生后，三个多月的时间从未到过户外，就是每次例行到医院预防接种也是从地库上车又回到地库，用妈妈的话说就是，宝宝一百天就没见过阳光，有几次妈妈想带孩子出门晒太阳都被爷爷阻止了。妈妈说："天气转暖后我就每天用婴儿车推她到户外走一走，可刚出去两天就被爷爷阻止了。"到此时宝宝哭闹的原因找到了，我对家里人说："孩子的哭闹不安是心理因素造成的，就是因为从出生后接触的人和环境太单一，一旦出现了变化就会导致极大

的不适应，夜晚睡眠时缺乏安全感的哭闹就是这个原因引起的，只要我们适当给予安抚，换个场景，转移一下注意力就可以缓解，但让宝宝尽快适应不同环境一定是必需的！"

户外活动的意义不仅在于锻炼婴幼儿对外界温度气候环境的适应能力、增加对疾病的抵抗力，同时还是营养摄入和感知发育的重要手段。由于绝大部分紫外线都会被玻璃遮挡，因此室内的紫外线强度很微弱，而对于生长发育旺盛的婴幼儿来说，通过紫外线照射皮肤产生内源性的维生素 D 是保证钙元素吸收的主要方式。另外，户外环境、公共场所的各种声音、光线、气味和颜色，形形色色的人、动物、花草树木、交通工具和楼宇亭台，都可以促进婴幼儿视、听、嗅、触等感知觉发育，对其认知、运动和语言发育都是必不可少的。当然，到户外活动一定要结合宝宝的月龄和身体状况，还要注意户外天气情况对孩子的影响。对于开始户外活动的最小日龄其实并无限制，新生儿出生后一旦度过了出生后的稳定期就可以开始，一般建议宝宝越小在户外停留的时间可以越短，从出生后的第一天算起，每天增加 1 分钟，也依此类推，出生后一周可以在户外停留 7 分钟，两周 14 分钟，到满月时就可以待半小时了。当然，当小朋友出现以下问题时，就要暂停户外活动了，包括生病、情绪不好、大小便影响、饥饿需要进食。季节和气候因素也要考虑在内，如出现恶劣天气、空气质量不好时也不建议外出，同时建议户外活动应选择温差波动较小的时间段，炎热的夏季应避开紫外线强度过强的时间段，冬季应选择气温最高的中午前后，并根据气温变化及时为宝宝增减衣物。

Tips

1 知识点：

婴幼儿进行户外活动的意义重大，可以锻炼其对气候、温度的适应能力，增加对疾病的抵抗力，促进营养吸收，促进认知、运动和语言发育。

2 敲黑板：

为使婴幼儿适应户外环境，应循序渐进逐渐增加户外活动的时间长度，大人应结合宝宝年龄和身体状况以及户外气候、季节因素合理安排。

3 解矛盾：

将婴幼儿户外活动的意义充分告知全家，并指导全家按照正确的方法进行。

被妈妈和奶奶不停地脱穿袜子的小宝宝

　　没当过父母的人可能无法想象，"要不要给小宝宝穿袜子"居然是每个家庭都会面临的难题。大部分年轻父母都能接受只要室温合适，小宝宝就完全没必要穿袜子，可是一旦家里老人坚持必须穿，也不得不妥协。其实，有很多家长知道让孩子光脚有很多好处，但无奈的是家里老人有各种各样的担心，还由此产生很多矛盾。

　　一次，一个四个多月的宝宝因为大便次数增多，被妈妈和奶奶带着来门诊找我。一进诊室奶奶就不停地埋怨妈妈："都是他妈不听我的，就是不给孩子穿袜子。我摸着小脚丫不暖和，刚给穿上他妈就脱，几个月的孩子脚受凉了能不拉肚子吗！就应该听我的，睡觉的时候也得穿上袜子！"我赶紧安抚住老人，询问了小宝宝的喂养情况，排便次数以及形状，又对孩子进行了检查，最后判断就是母乳喂养时大便的一个正常变化。我对奶奶和妈妈说："六月龄之内母乳喂养的宝宝每天大便次数在十次以内，都是正常的，因为母乳中有促排便的成分，可以很好地促进肠道蠕动，加速营养吸收。小宝宝现在的大便次数每天六七次，而且性状和颜色也都很好，体重增长好，精神好，就不需要特殊处理。当然也和穿不穿袜子没有关系。"

　　小宝宝出生后神经系统的发育是通过接触周围环境的各种刺激来完成的，而这个过程又是遵循一定的顺序，由上到下，由中心到末梢，最后发育的部位也应该是最应该受到刺激的位置，同时，小脚和小手一样，也承担着完成探索世界的重要任务。所以，正确的做法是一岁以内的婴儿，在温度适宜和环境安全的前提下，尽量光脚不穿袜子，除了宝宝自己蹬踏等活动，还可以方便对其进行小脚丫的按摩。一岁以上的宝宝，也可以每天在室内光脚走路，在温暖的沙滩上、草地上同样也可以让宝宝脱掉鞋子跑一跑。这样做的好处有三个，一是锻炼小宝宝对环境温度变化的适应能力，二是利于爬行、站立、走路等大运动发育，三是通过对外界环境的感觉刺激反应促进大脑神经网络的搭建，为孩子的脑发育奠定基础。当然，让小宝宝光着脚丫也是有前提的。首先对于早产出生的低体重宝宝，在能够适应环境温度之前是不建议光脚的，一些体弱多病的宝宝也要注意适度的保暖。其次是如果环境温度过低，就要随时关注以保证小脚温凉为宜。另外，在宝宝开始光脚学走路时一定要注意安全，及时清理地面上的尖锐物品。

Tips

1 知识点：

宝宝光脚，有利于锻炼其对环境温度变化的适应能力，有利于爬行、站立、走路等大运动发育，可促进大脑神经网络的搭建。

2 敲黑板：

早产低体重儿和体弱多病的宝宝要注意适度保暖，环境温度过低时应保证小脚温凉，注意安全，及时清理地面上的尖锐物品。

3 解矛盾：

年轻人要创造机会和老人一起学习科学的育儿知识，引导全家了解孩子光脚训练的益处，并一同观察小婴儿对环境温度是否耐受。

故事3　宝宝趴着睡，到底行不行

　　有一段时间，网络上流传着这样一件事：一个新手妈妈训练三个月大的宝宝趴睡却导致婴儿窒息死亡。这件事发生以后，很多家长都来咨询宝宝睡姿的问题，其中更是有很多老人担心自己日常的一些做法会有危险。

　　一个两个多月宝宝的姥姥就非要找我讨个说法，起因是孩子的爸爸妈妈从宝宝出生后几天就开始让其趴着睡。为此两代人已经吵过几次架了，爸爸妈妈坚持认为孩子趴着能安安稳稳地睡上几个小时，平躺着就经常惊醒，认定趴着睡一定是可以的。可姥姥就觉得不可以，一是觉得会影响孩子的胸腔脏器发育，影响肠道蠕动，二是一直担心有窒息的风险。当网上出现相关悲剧事件报道后，姥姥就断然反对了。我先打消了姥姥对趴睡体位会影响孩子发育的担心，同时也提醒了年轻父母在孩子趴睡时千万要注意安全。

　　当然，对于一岁以内的宝宝来说最安全的睡姿是仰卧位，原因就是和其他睡姿比起来，仰卧位引发婴儿猝死综合征的概率要低，但仰卧却并不是最佳的睡眠姿势。对孩子来说，不同的睡姿有不同的作用，因此，我们认为最佳的睡眠体位是自然睡姿，也就是"让孩子睡得最舒服的姿势"。仰卧睡眠的优点除了安全以外，还可以让宝宝的全身肌肉放松，不被压迫，能自由地活动小胳膊小腿，缺点是对于容易溢奶反流的宝宝存在奶汁呛咳的风险，特别是

对于颈部较短、软组织较厚的宝宝，仰卧时舌后坠可能加重呼吸不畅造成睡眠不安。侧卧睡眠的优点是对全身重要器官都没有压迫，也比仰卧更有安全感，也可以减少反流吸入的风险，但缺点是宝宝很容易从侧卧转为俯卧，若不被及时发现则有窒息的风险。而俯卧位因为能够还原在宫内的体位，因此是最让宝宝有安全感的睡姿，同时对腹胀也有一定的缓解作用，但缺点就是一旦疏于照顾，就会有窒息的风险。这也是为什么在很多从小宝宝就和成人分屋分床的国家和地区，婴儿猝死的发生率一直居高不下。因此，为了确保安全，同时又保证孩子有良好的睡眠，建议婴儿和家长睡眠时可以同屋不同床。三个月以内的宝宝有人看护时可选侧卧、俯卧睡姿，但如果旁边没人照顾时最好仰卧睡眠，三个月以后宝宝学会了自己翻身，可以仰卧、侧卧、俯卧几个姿势轮流交替。在清醒状态下可以通过俯卧抬头抬胸的方式锻炼其头部控制能力，促进大运动发育，同时应注意宝宝的小床特别是头部周围不要有松软的枕头被褥，以免孩子在睡眠时翻身后堵住口鼻。一岁以后不需要对睡姿有过多干预，只要宝宝睡得舒服、睡得好就可以。

Tips

1 知识点：

趴睡是让宝宝有安全感的睡姿，对腹胀也有一定的缓解作用，缺点是一旦疏于照顾，就会有窒息的风险。因此要视监护人的看护情况而定。

2 敲黑板：

三个月以内的宝宝有人看护时可选侧卧、俯卧睡姿，三个月以后可以仰卧、侧卧、俯卧几个姿势轮流交替，一岁以后不需要对睡姿有过多干预。

3 解矛盾：

两代人有育儿争议时，应耐心听取对方的看法和理由，并在共同学习科学养育方法后争取达成一致，实在不行可求助专业人士。

故事4　说话晚，是贵人语迟吗

每个家长都希望自己的宝宝聪明伶俐，其中语言发育一定是一个要素，但由于婴幼儿语言发育存在很大的个体差异，传统观念又有"贵人语迟"的说法，因此语言发育落后既容易被忽视，又容易被夸大，而语言发育过程又和日常养育密切相关，特别是老人带孙辈的过程中一些不当的养育行为除了干扰语言发育外，还会由此产生家庭矛盾。我将用四个案例来分析养育方式对语言发育的重要性。

《论语·学而》中有一句"贵人语迟，敏于行而不讷于言"，是说有些人行动上很敏捷却不善言辞并不是坏事，后来被引申出"小孩子说话晚也没关系"这样的意思，这也常常成为很多语言发育落后宝宝家长的自我安慰借口。我曾经接诊过一名两岁多的男宝宝，各项发育指标都很好，性格也很活泼，让爸爸妈妈发愁的就是和周围小朋友相比，说话明显落后。妈妈对我说："他一岁就能清楚地叫爸爸妈妈了，一岁半就能叫爷爷奶奶，可是从一岁半到现在快一年的时间，除了简单的几个字，'要，宝，抱'，就再也没说过其他的话，周围和他差不多大的孩子，都说整句话了，我和他爸爸就特别着急，每天也不停地跟他聊天，念儿歌，读绘本，可就是没进步。早就想带他来看医生，可爷爷奶奶一直说他爸就说话晚，不着急，我一说带孩子做检查，就说我们小题大做。"这时候爷爷就开口了："他爸也是三岁才把话说利索，上了幼儿园才开始慢慢

越说越多，长大了什么都没影响啊！我孙子不就是不说话嘛，可大人说什么他都懂，要我说也不要紧，就是'贵人语迟'！"我提议先给孩子做评估和检查，然后再做处理。几天后结果汇总到我这里，两岁四个月的孩子语言发育水平仅相当于一岁两个月水平，但排除了听力和心理异常，最终明确为发育性运动性失语，即对语言的理解与年龄相符但表达有问题，经过了一年的语言康复训练，在孩子三岁半的时候，语言能力已经完全正常了。

语言发育迟缓是指在语言发育期的儿童因各种原因导致在预期的时间段内，不能与正常儿童同样用语言符号进行语言理解和表达及与他人进行日常生活语言交流。语言发育是否迟缓需要进行严格的临床评估并排除一些疾病原因，如听觉障碍、交往障碍（自闭症、自闭倾向等）、智力发育迟缓、染色体异常、新生儿窒息、脑损伤及先天性代谢异常等，另外还有因脑瘫所致的运动障碍性疾病及腭裂等器质性病变造成的构音结构异常。这些问题需要针对疾病进行治疗，无法单纯通过语言康复来恢复正常。而更多的情况是由于受到语言学习条件不足引起的，包括我们这个案例中的发育性运动性失语，或语言环境脱离，都可以通过训练和康复来得到改善。训练的方法包括游戏疗法、手势符号训练、文字训练、符号和内容关系训练以及交流训练等，需要结合孩子的语言发育水平，在家庭和训练师的共同参与下完成。

很多家长对于如何判断宝宝的语言发育情况是否正常无从下手，下面就 0 ~ 6 岁语言发育情况给大家一些简单的参考。两个月，有回应性微笑，能发"咿，呀，呜"等单个元音；三个月，能发"咕、咯"声；四个月，能应答式发声；五个月，能发"ah—gee""ah—goo"音；六到七个月，能发"ma、ba、ai"音；八个月，能发"mama、baba"音；十个月，会模仿成人的发音；一岁，会叫"妈妈、爸爸"，会说一个字的音，如"要、好、不"等，能听懂加手势的指令，如挥手再见；一岁三个月，会用手势表达需要，开始说别人听不懂的话；一岁半，能指出自己及别人的眼、耳、鼻、口、手、脚等部位，最少能指出常用物品中的一件；一岁九个月，至少能说出常用物品中的一件；两岁，会说有主语及谓语的字句（电报式），至少能说出常用物品中的三件；两岁半，懂得"大和小"的含义，能说自己的姓名；三岁，懂得"里面、上边、旁边"等方位词的意义，能复读三位数；四岁，能指出三种颜色，说出自己的年龄，能用较多的代词、形容词和副词，会唱歌，能简单地叙述不久前发生的事；五岁，会用一切词类，说出生日，吐字发音 90% 正确，会从 1 到 10 计数；六岁，说话流利，句法正确。如果家长发现孩子有问题，应及时进行专业评估，目的是早期发现问题，尽早干预。

Tips

1 知识点：

语言发育水平到底是不是偏低，需要科学的评估。一旦发现问题，应及时求助专业人士，尽早干预。

2 敲黑板：

孩子的语言发育存在个体差异，但并不是多晚都无所谓。

3 解矛盾：

两代人应从权威渠道共同学习儿童语言发育各阶段的标准；对自家孩子的语言发育情况要做到心中有数，训练有方，发现问题要尽早寻求专业指导。

故事5 宝宝不说话的原因是只能看到视频中的爸妈

上一个案例我们讲到了婴幼儿语言发育落后的原因，其中很多是由于语言学习的环境条件不足导致的，常见的是语言环境脱离，这种情况在以老人带孩子为主的家庭中比较常见。

我就遇到过不止一例这样的"惨痛教训"。悦悦快一岁了，是个长得很可爱的女宝宝，爸爸妈妈带来见我的原因就是——不说话！据他们描述，在悦悦出生后的三个月，因为妈妈产假结束要上班，就让爷爷奶奶来帮忙带孩子，可是没几天，老人就感觉住得不习惯，再加上悦悦也不吃母乳，就提出把孩子带回老家，小两口体谅老人就答应了。开始爸爸妈妈还回去得比较频繁，后来见老人把悦悦带得白白胖胖，也没生过病，就完全放心了，回家看宝宝的次数明显减少。但从悦悦半岁开始他们觉得孩子似乎不太爱咿呀地说话，直到快一岁了，连"爸爸妈妈"的音都没发过，就感到问题有些严重，赶紧带来检查。经过评估，我发现悦悦的确存在语言发育的明显落后，但并没有发现疾病因素，经过一段时间的家庭训练，是完全可以达到正常水平的。我得知悦悦在爷爷奶奶身边的时候，爸爸妈妈都是通过视频聊天的方式和老人沟通，我就让他们在我面前拨通了老人的电话，问了一些孩子平时的生活情况，沟通下来我发现两位老人说话带着浓重的乡音，语速又慢，看得出来，平时也都是不爱说笑的性格。原来悦悦只能通过每周一次的视频才能听到爸爸妈妈说话，缺少正常的语言环境是导致悦悦语言发育落后的根本原因！

影响婴幼儿语言发育的三大因素是遗传、环境和教育。美国心理研究所对影响儿童的正常语言发育水平因素做过调查，其中遗传因素和家庭环境以及教育方式起到的作用各占一半，可见孩子出生后的语言环境对其语言发育起着重要的作用。

语言的能力包括两个方面，理解和表达，即听说读写，听和读是理解能力，说和写是表达能力。在婴幼儿期，家长要重视对孩子语言理解能力的培养，要让孩子多听，多读，就是跟孩子多说话，让他多听多输入，当孩子具有了说话能力以后才能引导他多说话。要给孩子营造正常的语言环境和及时进行语言教育，在婴幼儿期家长们要做到以下三点，一是让孩子多听，可以通过朗读绘本，读儿歌念古诗等方式，持之以恒地为孩子输入语言文字的信号，这个"读"可以是家长亲自读，也可以选择一些读音标准的音频来循环播放；二是让孩子多看，方法是让孩子看各种实物和图片，看的同时要清楚地告诉他实物和图片上内容的名称，反复地大声地念出，达到视听结合共同刺激；三是让孩子多模仿，养成说话的习惯，孩子天生具有很强的模仿能力，特别是喜欢模仿亲近的人的一举一动，

言谈表情。孩子说话的早晚和养育人有很大关系，所以家长们和孩子在一起的时候自己就要多说多笑，看到什么说什么，做什么就说什么，让孩子也养成爱说爱笑的习惯。做到这三点，才能更好地促进宝宝的语言发育。

Tips

1 知识点：

影响婴幼儿语言发育的因素为：遗传因素、环境因素、教育因素。

2 敲黑板：

促进婴幼儿语言发育有三个方法：让孩子多听、多看、多模仿。

3 解矛盾：

当发现老人在承担育儿责任有困难时，年轻父母须及时给予帮助；老人面对自己力所不能及的问题时，也要及时告知年轻人。

故事6　**心领神会的大人和懒得说话的孩子**

相信很多家长都认识到如果大人帮助过多，凡事代劳会影响孩子的生活能力和自理能力的发展，但并没有意识到这样做还干扰其语言发育，而且这样的做法在很多婴幼儿家庭都会存在。

有一次一位妈妈和奶奶带着一岁八个月的男宝宝来找我做生长发育评估，妈妈问我："我家宝宝一岁半了，只会叫爸爸妈妈，别的什么都不会说，是不是智力有问题？"奶奶也着急地补充："周围一起玩儿的小朋友好多都能说'再见''阿姨'这样的词了，我孙子连奶奶都不会叫，真急人！"我边听家长的叙述，边观察坐在妈妈怀里的宝宝，发现这是一个体格发育和营养状态都很好的孩子，不停地东瞧西看，对我这个陌生人也没有表现出抵触。在对孩子进行了必要的检查后，我并没有发现严重的病理情况，正当我在考虑是否需要做进一步评估时，孩子和奶奶的一个交流让我发现了原因。被妈妈抱着的宝宝开始出现了不耐烦的表情，不住地把头转向诊室门口的方向，嘴里发出"嗯""啊"的声音，重复几次后奶奶马上抱起小孙子走出了诊室，这个举动让孩子马上安静了。我问了妈妈得知，平时也是如此，只要孩子有一个眼神或动作，奶奶立刻心领神会，无论是想要吃的水果，还是想要的玩具，只要用手一指，就马上递到手里，孩子根本不需要说话！有时候妈妈故意不帮他，想让他说出来，可孩子一着急哭喊奶奶就心疼，为此妈妈和奶奶也有过几次争论。

这是一个典型的环境因素导致语言发育落后的案例，因为奶奶的"心领神会"让小孙子失去了用语言表达意愿的机会。根据语言的表达形式我们通常把语言分为外部语言和内部语言，外部语言的作用是用来进行交际，内部语言是思维时所伴随的活动，二者缺一不可。案例中的小朋友在进行内部语言时过程是没问题的，通过眼神和肢体动作来体现，但缺少了一个重要的环节，就是用外部语言来表达自己的要求，而中间的衔接正是被我们的"意会"打断了。婴儿期语言发育的规律是，从六个月到九个月是对语言理解的迅速发展阶段，一岁左右进入语言的萌芽阶段，也就是开始学说话，一到两岁是学习说话的正式阶段。在这个关键的阶段，有很多因素会制约语言发育，包括遗传和性别因素、语言学和生理学因素、心理和社会因素等。语言发育会在一定程度上受遗传和性别因素影响，例如语言发育迟缓的儿童其父亲或母亲很可能在幼儿时期语言发育上存在问题；女孩的语言发育要比男孩的快，而且这种领先会一直保持到青春期。使用不同语种和民族的语言的孩子，语言发育也存在着一些差异。最重要的，是心理和社会因素，家长一定要认识到，孩子只有在与成人或其他小朋友的语言交际和运用中才能获得对语言发育的

促进，我们需要给孩子提供多听和多说的机会。适当地延迟满足是必要的锻炼，让宝宝的内部语言和外部语言表达进行良好过渡，才能达到促进语言发育的目的。

Tips

1 知识点：

监护人的"心领神会，凡事代劳"，会打断孩子内部语言和外部语言的衔接，剥夺孩子用语言进行交际的锻炼机会。

2 敲黑板：

大人应适当延迟满足，给小朋友自己表达和交流的机会。

3 解矛盾：

年轻父母应多关注孩子的语言发育情况，并让老人知道鼓励孩子说话的重要性，还要为老人和孩子创造必要的语言交流环境，做好操作方法的演示。

故事7　被逼着背唐诗的两岁宝宝

在婴幼儿发育过程中，无论是家长还是临床医生，一旦发现孩子的某项能力出现了停滞或倒退，就要给予足够重视，及时排查原因，但很多时候孩子的这种能力倒退，也是人为因素造成的。

我曾经遇到过一个两岁的小姑娘，用家长的话说"从小就比别的孩子聪明"，特别是姥姥，说起外孙女更是满脸骄傲。姥姥当了一辈子小学语文老师，退休后帮女儿带孩子，就把所有的心血都倾注在外孙女身上，不仅精心料理生活起居，还从小对孩子进行各种"早期智力开发"。其中让姥姥最有成就感的是孩子的语言发育非常好，一岁的时候就可以说两个字的双音词，一岁半就能说很多句子了，更厉害的是，从一岁半开始，姥姥就教孩子背唐诗，半年时间就学会了五首唐诗。看到自己的"作品"姥姥甭提多骄傲了。从此以后，姥姥不仅每天让孩子在家里给爸爸妈妈背唐诗，还利用各种场合让孩子表演。无论是在小区公园里，还是在家庭、朋友聚会时，姥姥都要让自己的外孙女为大家背诵几首唐诗，遇到孩子不情愿，姥姥就想尽办法，甚至是"威逼利诱"。慢慢地，家里人发现，孩子越来越不爱说话，不但拒绝背诵，连日常和人打招呼都不愿开口，后来演变至很多生活中的常用词都不说了。看到孩子的明显"退步"，家长很着急地带孩子来就诊。经过评估，我发现这个两岁的宝宝语言发育水平完全正常，影响她说话的完全是心理因素，是姥姥的炫耀让孩子对说话产生了极大的抵触。

儿童在学习语言的过程中受到多种因素的影响，其中生理疾病、心理打击或语言环境的剥夺都可能导致语言发育出现问题，并很可能由此进一步发展成交流障碍，严重时会引起心理问题。家长对孩子发育的过度焦虑和攀比从众是最常见的诱因，从看图识字到唱歌背诗，从爬行站立到跳舞投篮，小朋友成长中的各种进步都有可能被家长当作在别人面前炫耀的资本，不停地让孩子在各种场合表演。殊不知我们之所以要对孩子进行各种能力锻炼，其目的是在训练过程中让其接受各种信号刺激，做出相应的反应，由此达到促进神经系统发育的目的。孩子的运动、智力、语言发育水平是很多因素共同作用的结果，只要孩子的发育水平处于同龄宝宝的平均水平，即为正常，家长们切不可操之过急。大量的研究结果证实，一岁半到两岁的宝宝，日常言语中 5 个字以下的句子占比为 84.8%，6 ~ 10 个字的句子为 14%，11 ~ 15 个字的句子为 1.2%；两岁到两岁半，分别为 37.2%，58.3% 和 7.6%，16 个字以上的句子占比 1.9%；两岁半到三岁，就可以达到 21.9%，48%，23.6% 和 6.5%。参照这样的标准，案例中讲到的两岁宝宝语言发育水平已经接近三岁了，可以说姥姥为孩子从小营造的语言环境非常好，对其进行的语言刺激也很充分，但问题就出在进行语言交流时违背了孩子自身意愿，忽视了语言的主要作用是表达和交流能力的培养，这也是目前很多家庭存在的问题。正确的做法是当孩子掌握了一定的语言技能后，家长应该为其尽可能多地提供运用语言的机会，可以诱导他主动讲述遇到的人和事情、看到的事物和场景，鼓励他去和不同的人交流，但绝不要强迫，这样才是正确的做法。

Tips

1 **知识点：**

"操之过急，人前炫耀"，会让孩子产生心理抵触、交流障碍，甚至拒绝语言学习。

2 **敲黑板：**

监护人应引导孩子主动讲述遇到的人和事情、看到的事物和场景，鼓励他和不同的人交流，但绝不要强迫。

3 **解矛盾：**

全家人要统一认识，了解违背孩子意愿、强迫"炫技"对孩子造成的伤害，同时对老人教育孩子取得的成果也要及时肯定和表示感谢。

故事8　**学步车被妈妈无情禁用**

很多老人都希望孩子早点儿会走路，由此就会想出各种办法来"训练"，其中让小宝宝使用学步车就很常见。先不说使用学步车是否可以起到"学步"的作用，单就其存在的安全隐患来说，就应慎重选择。

曾经就有个十个多月的宝宝，因为姥爷坚持要让孩子早点儿学走路而专门买了学步车，尽管当时妈妈强烈反对，但老人还是坚持买回了家，趁爸爸妈妈上班的时候偷偷让宝宝坐一坐。看着小外孙兴奋地坐着学步车跑来跑去，姥爷甭提多高兴了。直到有一次，姥姥和姥爷都没守在孩子身边，小宝宝的学步车车轮撞在桌腿上，孩子从学步车里翻倒摔伤了头部。老人家赶紧抱着哇哇大哭的小外孙往医院跑，幸好宝宝只是头部皮肤有擦伤，并没有其他严重的损伤。尽管如此，接了电话赶到医院的妈妈还是在我面前和姥爷吵了起来，看到老人又悔又急我连忙劝住了年轻人："学步车也不是洪水猛兽，只要用好用对，是完全没问题的。老人的精力和体力都有限，这个年龄阶段的宝宝自己走路的意愿又特别强，你可以帮着老人选择一个适合孩子练习行走的辅助工具，教会姥爷如何安全使用就可以了。"

幼儿在使用学步车时受伤的原因都是在快速移动时被障碍物阻挡后翻倒，而且绝大多数是头部受伤，但出于"解放双手"的目的，很多家长还在使用，其实是弊大于利。首先，宝宝学习走路是神经系统和骨骼肌肉发育到一定阶段后自然的结果，而学习独立走路的过程也可以很好地锻炼其自身的肌肉力量、平衡能力和自我保护意识，如果过多地依赖学步车这类辅助工具，就会制约孩子自身的大运动发育。其次，学步车的使用势必会减少宝宝爬行的时间，一岁前缺少必要的爬行训练，会影响宝宝的感官发育，容易出现好动、注意力不集中、协调性和平衡性差等问题。另外，过早或长期使用学步车容易造成不良体态，严重时会导致骨骼畸形，例如宝宝身高与学步车坐垫高度不相符，导致宝宝只能脚尖着地，踮脚走路，一旦错误姿势形成就很难纠正；学步车的滑动速度快，宝宝不得不两腿蹬地用力向前走，时间长了，容易使腿部骨骼变弯。最重要的是安全问题，由于婴幼儿头部所占体重比例较大，又暴露在车身架以外，因此在缺乏安全保护的情况下，很容易因车身翻倒而受伤。因此应该根据小宝宝自身的发育情况，合理地选择和使用学步车，使用学步车的月龄最好在十个月以后，同时应做好以下几点：一是购买质量可靠的产品，二是使用前的组装过程一定要把各个部分组装牢固，并调整好高度，高度以宝宝站立时双脚可以平放在地面为宜，三是严格控制使用时间每天不超过半小时，四是要保证使用环境安全，不要有太多障碍物，地面不要太滑，也不要有坡度，

最重要的是一定要让宝宝在家长的视线范围内，以免发生意外。

Tips

1 知识点：

错误使用学步车，会影响大运动和平衡能力发育，不利于孩子自我保护意识形成，容易导致不良姿势和骨骼发育异常。

2 敲黑板：

如果一定要用学步车，应选择质量可靠的产品，不宜让孩子过早使用、长时间使用，使用时应注意车身高度，确保环境安全。

3 解矛盾：

年轻父母要有理有据地让老人了解错误使用学步车的危害，并教会其正确的使用方法，同时也要体谅老人的辛苦，争取在宝宝学步期间给予老人和孩子更多的帮助。

故事9 孩子走路越早就越聪明吗

很多老人认为"宝宝走路越早越聪明",想让孩子早早学走路,而年青一代家长对这样的做法更多是反对的。就像我们上面那个案例,因学步问题造成的两代人之间的家庭矛盾,我就经常在门诊遇到。

一次,爸爸妈妈特意带着宝宝的爷爷来见我。孩子九个月了,是个活泼好动的男宝宝,据妈妈描述,孩子的各方面发育都很好,六个月的时候已经能标准地手膝爬,但爬了三个月了,宝宝就是没有丝毫要走的迹象。爷爷就有点儿着急了,每天都要扶着孩子的胳膊站起来再拉着他迈步走,妈妈每次看见都要上去阻拦,但爷爷坚持说走路早的孩子聪明,为此家庭气氛开始变得很紧张,最后在征得老人同意后,两代人一起来听我的建议。

首先,我们仍然要强调独立行走是小宝宝的神经系统和骨骼肌肉以及心理发育过程中的自然过程,应在一切能力都具备的前提下再进行合理的训练,否则不但不能达到目的,反而会制约孩子自身大运动发育。婴儿的大运动发育有固定的规律,由上至下(抬头—翻身—坐—爬—站—走)、由近至远(肩—臂—肘—腕—手指)、由泛化到集中、由不协调到协调、正向动作先于反向动作(先抓后放,先站后坐,先走后退),在日常训练过程中也要依据这样的规律,同时还要结合孩子实际发育水平,循序渐进,不可操之过急。3个月俯卧抬头训练,锻炼颈背部肌肉，扩大婴儿的视觉范围；4个月手支撑左右转头训练，锻炼婴儿颈背和上肢的肌肉，为翻身和爬行打基础；5个月进行向前或倒退的腹爬训练；6个月练习前倾坐；8个月进行手膝爬行训练；10个月可以从跪到站的姿势转变，为站立和行走做准备；1岁左右可以练习独立行走了。对于大部分孩子来说，10个月到2岁是学会独立行走的年龄，在此过程中一定要注意以宝宝为主体，大人鼓励但不能强迫和代替，也不能让孩子感到疲劳和抵触。推荐的训练方法有移步行走、扶站扶走、推小车走和独立走。移步行走是让宝宝双脚踩在大人脚上，大人扶住宝宝的手、肩或腋下，左右交替向前迈步；扶站扶走是鼓励宝宝扶着床沿、栏杆、家具或墙壁站起，再慢慢地向左右两侧迈步；当宝宝可以很轻松地扶站扶走后，可以利用推小车的方法，让宝宝对走路有兴趣，克服对走路的恐惧。然后就是独立行走的阶段了，可以让宝宝在地垫上、草地上练习，开始时大人在两边距离较短的地方接应，逐渐延长距离，达到学会独行的目的，也可从拉着手走到逐渐松手让孩子自己走。在训练宝宝走路的过程中，切忌急于求成，一岁以内要鼓励婴儿多爬行，不急于练习走路，应慎用学步工具，并为宝宝准备合适的学步鞋，如果气温允许可以让婴儿光脚走路，让脚和地面直接接触，可以达到充分刺激和充分锻炼的目的。

Tips

1 知识点：

过早训练宝宝走路，会影响宝宝的爬行训练，不利于正确走路姿势的形成，训练过程中造成的惊吓和创伤会让宝宝对走路产生抵触。

2 敲黑板：

监护人应根据大运动发育规律及婴儿自身发育水平为孩子进行行走训练。一岁以内以爬行为主，大人应利用合适的方法进行训练，以婴儿为中心，鼓励但不强迫。

3 解矛盾：

不论年轻人还是老人，都要及时更新自己的育儿知识，同时积极学习正确的婴幼儿运动训练方法，并了解过早练习走路以及采取不当的训练方法对孩子的影响。

故事 *10* 不会爬就不会爬，直接学走路

　　我们前面讲到了爬行对婴儿来说是非常重要的，但有一些家长并没有真正认识到爬行训练的意义，也苦于没有很好的操作方法，有的老人还保留着陈旧的观点，认为孩子不爬没关系，练好走路就行了。在这个问题上，我经常遇到较真儿的老人和年轻人理论。

　　有一个宝宝八个多月了，妈妈来找我对孩子的发育进行评估，当我提醒她要重视这个阶段对宝宝进行爬行训练的时候，妈妈忍不住跟我诉苦："我知道爬对孩子很重要，就叮嘱家里老人一定要多让他练习，可每次奶奶都说：'他爸小时候就不爬呀，十个月就会走了，到现在也没发现有什么问题呀！'您知道我和他爸平时工作不在家，晚上回到家很多时候宝宝都睡着了，老人白天带孩子也辛苦，我真不好意思再惹老人不高兴，您能不能给一些建议呢？"

　　首先我们要了解爬行动作对婴儿有哪些好处。一是锻炼肌肉骨骼的力量。爬行过程需要动员全身不同部位的肌肉群，强化四肢、躯干的相关肌肉和骨骼力量，促进大运动发育。二是增加手眼协调，培养平衡感。爬行中要维持动作的协调性，必须手眼配合才能完成，对手部的精细动作发育也有很好的帮助，同时可以刺激内耳或前庭系统，有助维持平衡感。三是通过每天的爬行锻炼，可以促进婴儿自身的新陈代谢，促进肠道蠕动，对孩子的饮食睡眠都有帮助。四是通过对手脚末梢神经的刺激，促进婴儿感觉器官的发育。宝宝在爬行过程中手脚并用完成身体的移动，并要绕过或爬过障碍物，这些刺激不仅可以促进运动和感觉器官的发育，还可以培养宝宝独立解决问题的能力及自信。五是爬行对婴儿的心理和认知发育也有着不容忽视的作用。心理学家观察发现，爬行过程中需要婴儿专注于一个目标并准确定位，因此可以建立对事物的专注性和敏感性，可以使其空间定位能力得到很好的发展；爬行经常需要大人的引导，因此也可以加速婴儿和他人之间社会性交流的进步，缓解分离焦虑，增加宝宝的安全感。

既然爬行对婴儿有这么多好处，那么在日常生活中，应该如何进行训练呢？婴儿期的爬行一般分为这样几个阶段：腹爬、倒退爬、原地打转爬、匍匐爬、手膝爬和手脚爬。第一个阶段是腹爬，大部分宝宝在5个月左右就可以开始练习腹爬了，在宝宝俯卧时可以在他前面摆上玩具，吸引宝宝去够，大人用手顶住宝宝的双脚，让他向前移动身体，这是爬行的初始阶段。第二个阶段是倒退爬和原地打转爬，主要靠手部用力爬行，没有方向性，手脚的配合能力还没有达到，下肢的力量没有上肢强，属于爬行早期。第三个阶段是匍匐爬，主要原因是上肢支撑力量不足，属于爬行中期，这时候大人可以用手或毛巾托住宝宝的胸腹部。第四个阶段是手脚爬和手膝爬，此时宝宝的协调能力和四肢力量已经很好了，开启最经典的爬行方式。开始进行爬行训

练时，一定要为宝宝搭建一个方便而安全的场所，选择厚度适宜的爬行垫，及时清理周围有危险隐患的物品；爬行训练不要让孩子感到疲劳，应避开饥饿、困倦和情绪不好的时候；每次时间也不宜过长，10 ~ 20 分钟即可，每天 3 ~ 4 次；训练时要多鼓励多引导，让爬行的过程充满乐趣，这样才能充分达到训练对宝宝的全面促进作用。

Tips

1 知识点：

爬行对婴儿发育有着很好的促进作用，可以锻炼骨骼肌肉力量和手眼协调能力，锻炼平衡感，培养良好的目标专注性和敏感性，促进新陈代谢，缓解焦虑，给予安全感。

2 敲黑板：

监护人应根据月龄和婴儿自身发育能力分阶段训练，多鼓励多引导，不让孩子训练"超纲项目"，注意爬行场所的安全。

3 解矛盾：

年轻父母应有理有据地为全家讲解现代育儿知识，帮助全家人理解爬行对婴儿的益处，还要为全家人示范正确的训练方法。

故事11　小宝宝到底能不能竖抱

　　新生儿宝宝的出生对每个家庭来说都是件大喜事儿，但是，伴随着孩子的到来，很多育儿矛盾也陆续出现。有一次，我到母婴同室查房一个刚出生三天的小宝宝，检查过程很顺利，宝宝也很健康，我又对新生儿的妈妈进行了母乳喂养指导，刚要离开病房时，宝宝的姥姥把我叫住了："李主任，有件事情我非常担心，我女婿有几次把孩子竖抱，让宝宝的头靠在他肩膀上，还不停地走来走去，孩子刚出生几天，脖子软软的，这么抱太危险了吧？万一伤了脊柱可怎么办啊！我刚才说了几句，还惹得女婿有点儿不高兴。"姥姥边说还边给我演示宝爸竖抱孩子的姿势，我马上发现了问题，孩子头颈部没有给予充分的支撑和保护！我对姥姥和妈妈说："爸爸竖抱宝宝的姿势的确有问题，新生儿完全可以用竖抱的姿势，但正确的做法是一只手托住小屁股，另一只手一定要护在孩子的头颈部。我建议由宝妈跟他爱人沟通，也可以让我们的护士教他正确的竖抱姿势。新手爸爸要学习的东西很多，让他从如何正确抱孩子开始学习！"

　　常用的新生儿抱法有摇篮抱、竖抱、面对面抱和飞机抱四种，每种抱法适用于不同的场合。摇篮抱是最常用的横抱姿势，可以在任何场合下使用，方法是让宝宝靠近大人胸部，头枕在大人的臂弯里，用前臂支撑宝宝的头部，另一只手始终托抱住臀部。这样大人的臂弯就像摇篮一样舒适，无论是喂奶，还是哄睡和需要安抚时都可以使用。竖抱姿势适用于吃奶后和需要安抚时，方法是一只手托住宝宝的头颈部，另一只手托住臀部和腰部，同时让宝宝的身体靠在大人身上，头部枕在大人肩膀，头偏向一侧避免堵住口鼻，建议在吃奶后用这样的姿势竖抱 20 ~ 30 分钟，目的是让胃内吞进的气体排出，加速奶汁进入肠道，减少反流。竖抱也可用于缓解宝宝因腹胀引起的哭闹不安，因为这个姿势不会直接让颈椎承受头部的重量，因此不用担心损伤颈椎，但要特别提醒，在宝宝能够很好地控制头部运动之前，大概三月龄以内，竖抱时大人护在宝宝头颈部的那只手应始终不能离开。面对面抱一般用于宝宝清醒和情绪良好时，可以用这个姿势和宝宝互动说话，进行视听和语言交流，大人的两只手和竖抱时的位置相同，宝宝的头部面向大人，但这种姿势大人比较累，所以一般建议 5 ~ 10 分钟即可，避免意外发生。飞机抱是最难掌握的一种抱法，但这个抱姿很适合安抚哭闹的宝宝，方法是大人用前臂挽住宝宝胸部和头部让孩子的脸朝外，胸腹部紧贴大人的前臂，两脚自然下垂在两侧，同时大人的另一只手可以轻拍或安抚宝宝的背部，需要注意的是支撑宝宝头颈胸腹的那侧手掌和前臂一定要确保安全。

Tips

1 知识点：

新生儿常用的四种抱法，摇篮抱、竖抱、面对面抱、飞机抱，只要方法正确哪种抱法都是可以的。

2 敲黑板：

不同的抱孩子姿势，有各自的优势和适用场合，但一定要掌握到位。

3 解矛盾：

两代人最好一起学习新生儿照护知识，统一抱婴儿、洗澡、脐部护理、抚触等操作手法，产生分歧时应找合适的人在合适的时机沟通，沟通出现问题，可找专家咨询。

故事12　被抱大的孩子被诊断为大动作发育落后

　　"翻、坐、爬、站、走"这些大动作是评估婴幼儿神经系统发育水平的重要指标，但是这些能力是否一旦落后就意味着大脑发育异常呢？在临床上我发现很多宝宝大运动发育落后是由日常不当的养育方式造成的。

　　曾经就有一个女宝宝，长到9个月了还不能独立坐直，上半身前倾无法直立，腿也软软的，根本不能扶着东西站立，爸爸妈妈非常担心，来做发育评估。体检过程中除了腰腿的肌力偏低以外，并没有发现宝宝存在异常姿势和异常肌张力等脑损伤表现，手抓握和语言、表情互动也都很好，只是小姑娘看上去有些胆小敏感，我立刻想到了孩子的动作发育很有可能与养育方式有关。经我一问，妈妈滔滔不绝地说了起来："从孩子出生姥姥对我们全家人就有一个明确要求——谁也不准让宝宝哭！所以她从小就像长在大人身上一样，根本不自己主动运动。我和他爸在几个月前已经觉得她坐不起来是问题，就想多练习，可孩子一哭姥姥就抱走，后果就是我们只要把她放到爬行垫上宝宝就看着姥姥哭，我其实也知道孩子不一定有大问题，今天就想请您针对宝宝的大动作发育训练给姥姥上节课！"

　　从平躺到直立行走是一岁以内婴儿的标志性进步，日常进行大动作训练不仅利于促进运动能力的发育，更重要的是在训练过程中可以很好地促进大脑功能的发育。在训练时应按照宝宝月龄及发育水平循序渐进完成，同时要采取正确的方法，既可以让宝宝对训练的过程感兴趣，也可以避免在训练中受伤。例如，为 3～4 个月婴儿进行抬头训练时，可以在胸部下面垫一个小枕头，帮助婴儿用手支撑，在宝宝头的前上方用玩具逗引，吸引他能用手支撑住身体。5 个月婴儿练习腹爬，也要在头前方放置玩具，大人用手抵住宝宝的双脚，宝宝一蹬脚就可以移动身体。6 个月的宝宝可以进行前倾坐的练习，但不宜时间过长，每次三到五分钟即可，坐位时两腿分开 90°～120° 伸直，同时保护好宝宝的头部。8 个月开始爬行训练，建议依次从四点支撑（双膝和双手支撑）、三点支撑（双膝和一手支撑）开始练习，慢慢在大人的帮助下，鼓励婴儿自己爬，并随时注意保护。练习独立行走之前，应先经过由跪到站的过程，宝宝还不能放手自己走的时候，可以让宝宝推小车或在两个大人之间学走路；能够自己走了，我们可以用追肥皂水泡泡、踩影子等游戏鼓励宝宝走。一岁半开始就可以通过蹦蹦床、过独木桥、跳格子等游戏促进下肢的力量和身体平衡能力与方向控制能力的进步，但家长应在孩子前面做好保护，避免摔伤。两岁到三岁之间要让孩子学会单脚站、单脚跳、跳远和双手抛远，这个时候，孩子已经有集体活动的愿望，家长可以为孩子创造小朋友们一起活动的机会，用"比一比谁扔得远，谁的金鸡独立更标准"这样的游戏来增加孩子对锻炼的兴趣。

Tips

1 知识点：

婴儿大动作训练非常重要，既可以促进运动能力和大脑功能发育，增加活动范围，提高认知和交往能力，又能提高对疾病的抵抗能力。

2 敲黑板：

监护人应根据婴幼儿的年龄和自身发育水平，循序渐进地开展大动作训练，可通过用玩具吸引和做游戏的方式增加训练的乐趣，在活动中注意保护。

3 解矛盾：

年轻父母要尽可能多地参与日常育儿工作，并多为老人介绍大运动发育训练的重要性，还要为老人示范正确的训练方法。

故事13 宝宝捏小东西太危险吗

很多家长已经认识到了手眼协调的精细动作训练对婴幼儿的发育非常重要，但因为要鼓励宝宝去拿小珠子、花生米等"危险"物品，就常常引起家里老人的担心。

淘淘一岁了，是个很好动的男宝宝，每天不停地爬上爬下，跑来跑去，大动作发育水平已经相当于一岁半的宝宝，可就是手指的灵活性差了一些。每次做儿保体检时，医生都提醒家长要对淘淘多做精细动作的训练，妈妈就在家里准备了花生米让淘淘练习。然而就是这样一个举动，引起了妈妈和奶奶之间的"轩然大波"。开始奶奶还只是在一旁阻止："孩子拿起东西就往嘴里放，捏花生米太危险！"看到劝阻无效，干脆抱起淘淘就走，急得妈妈和奶奶吵了几次。看到两个人关系如此紧张，爸爸就提议到我这里来听听我的建议。我当着奶奶和妈妈的面对淘淘做了全面评估，发现确实精细运动发育存在一定的滞后，但只要强化在家庭的训练就完全可以追赶上来。我对家长说："淘淘的手指灵活性和手眼协调能力需要加强训练，可以通过让他捏小东西、翻书、撕纸来进行，但孩子的天性是好奇又好动，在练习过程中一定要注意安全。"

教育专家有一句经典名言："儿童的智慧在他的手指尖上"，说明了手部动作发育的重要性，婴幼儿精细动作的发展以手部的动作发展为主，精细动作的本质就是手眼协调能力，两只手动作的发展标志着大脑神经、骨骼肌肉和感觉组合的成熟程度。当宝宝能成功地用手完成某个动作时，不仅标志着他的大脑发育水平，也对其心理发展和认知发展有着非常重要的意义，为宝宝今后的学习能力奠定基础，让宝宝更自信，更有克服困难的决心。婴幼儿的手部动作发展趋势是由肌肉运动状况决定的，顺序是从粗大肌肉运动动作到精细肌肉运动动作，从全手掌动作到多个手指动作再到几个手指动作，在不同年龄段标志性的表现就是三月玩手，五月抓握，七月换手，九月对指，一岁乱画和会用勺，两岁折纸和搭积木，三岁会穿衣和用筷子。"要尝一尝所有东西的味道"是婴儿的天性，所以在锻炼手眼协调能力的时候，一定要注意用适宜的方式和工具，并确保安全。尽管我们不赞成案例中提到的奶奶一味禁止的做法，也不赞成妈妈的做法，用存在一定风险隐患的小零件为淘淘练习捏取。当宝宝九个月左右就可以开始练习拇食指捏物了，方法是利用宝宝喜欢尝一尝的天性，根据辅食添加品种选择一些宝宝已经接受的食物，如水果、煮熟的胡萝卜、米饼等，切成小块状或大颗粒，放在桌子上鼓励婴儿去拿。刚开始的时候大人可以握住婴儿的中指、无名指和小指，只让宝宝用拇食指捡物，慢慢训练，逐渐完成，过程中大人要随时帮助，随时鼓励，也可以利用吃和加餐的过

程，既可以练习精细动作，也可以锻炼宝宝自主进食的能力。

Tips

1 知识点：

精细动作训练对婴幼儿的发育有着重要意义，不仅可以锻炼其手眼协调能力，促进大脑、骨骼肌肉和感觉组合的成熟和心理发展及认知发展，也能为宝宝今后的学习能力奠定基础，让宝宝更自信和增加克服困难的勇气。

2 敲黑板：

家长要根据年龄和发育水平，对婴幼儿进行有针对性的练习，并采取适宜的方式和工具，练习过程中随时帮助，随时鼓励，注意安全。

3 解矛盾：

两代人都应充分了解精细动作训练的重要性，而且要共同学习具体的训练方法，共同完成对宝宝的训练。

故事14 宝宝一跑就摔跤，竟是防滑垫惹的祸

　　对所有有小宝宝的家庭来说，确保安全是头等大事，但很多家长没有想到，如果在生活环境中没有给孩子充分的锻炼机会，就会让他无法建立自我保护的意识。举个最常见的例子，走路的时候能够顺利地避开或跨过障碍物，是运动协调能力发育的结果，同时更需要在不断的实际练习中让孩子自己掌握"不摔跤"的方法。

　　成成是个有些胆小的两岁男孩儿，因为一岁多刚学走路的时候摔伤过，前额至今还留着疤痕，从此家里人就万分小心，特别是姥姥姥爷，更是把家里凡是成成能走到的地方，都铺上了防滑垫，每次一旦出现"险情"，手疾眼快的姥爷总是能冲到成成身边保护，在户外活动更是寸步不离地保护。爸爸妈妈早就发现了问题，成成只要自己跑起来就摔跤，几次受伤后老人就明令禁止他们带孩子出门了，但年轻人觉得如果再这样保护下去，成成根本没有独立锻炼的机会，考虑到要用老人能够接受的方法，妈妈就提议："成成已经两岁了，和他一起长大的小朋友有的都能滑滑板车了，可成成出门一跑就摔跤，我担心发育有问题，我们带他到医院做个全面检查吧。"在我的诊室中，成成还始终不敢松开姥爷的手，站在姥爷身后的妈妈不住地向我使眼色，我意识到这对父女间的育儿矛盾必须由我来解决了。我对姥爷说："经过检查孩子身体各方面的发育都没问题，但是自理能力和运动中的自我保护意识明显落后，成成自身的性格有些胆小谨慎，对于这样的孩子我们在日常就更应为他提供机会锻炼，在锻炼的过程中做到适当的保护，而不是过度保护，毫不夸张地说，孩子出门就摔跤就是您给铺的防滑垫惹的祸！"

好动好奇是宝宝的天性，为了能满足孩子探索世界的好奇心，又不让他遭遇危险，每个有小宝宝的家庭都应合理地为孩子打造居家环境，既不能"失真"也不能"危机重重"。不同区域的关注重点不同，如厨房的盛装开水的容器必须带有安全盖和隔热层，并随时远离宝宝可以触达的位置，餐桌上不铺可轻易滑动的餐布；卫生间和浴室中放置的洗漱用品和清洁用品均应放到加锁或宝宝够不到的柜子里，热水器出水应控制在50℃以下。居室中经常用吸尘器对全屋进行"地毯式搜索"，把那些小的、不易被发现的东西清理掉，如硬币、别针、珠子、纽扣等，避免使用玻璃柜门，居室门窗安装安全锁和门塞，家具和墙面的拐角处安装防撞护角，较高的置物架一定能与墙固定，同时不要在高处放置重物以免砸伤宝宝。

做好居家设施安全防护的同时，家长们应掌握必备的应急处理技能，如气道异物处理的海姆立克急救法；烫伤的四步处理法冲、剪、盖、送；当孩子在户外受伤伤势不

明时，切记不要立即移动，应保持原有的姿势边安抚、边观察并等待帮助；如伤口有异物不可随意拔除，伤口有破损出血时，要用干净的纸巾或衣物局部加压止血，不要污染伤口。除了做好这些准备，最重要的是日常不要错过每一个让宝宝锻炼的机会，如教会宝宝认识各种安全提示标识，如何在运动过程中保护自己，在确保安全的前提下加强运动技能的训练等，由于每个孩子的发育水平和能力都不同，因此建议家长们应根据宝宝自身情况逐步完成。

Tips

1 知识点：

家庭环境安全防护，应重点关注厨房盛装开水的容器和餐桌，卫生间的洗漱和清洁用品，热水器出水温度，客厅地面和置物架，居室门窗，家具和墙面拐角等。

2 敲黑板：

日常监护人应掌握海姆立克急救法，烫伤处理四步法，伤口止血法，创伤后的保护方法，而不是一味地把孩子隔离在真实世界之外。

3 解矛盾：

全家要一起做好家庭安全防护，学习应急处理技能，充分认识到过度保护对孩子的不利影响。

故事15 "什么都不让摸"和"什么都要摸"

　　日常工作中我经常会利用临床看到的事情对家长进行教育，也常常会因此在不经意间解决了一些家庭的育儿矛盾。有一次，奶奶和妈妈带着宝宝来就诊，看得出来一岁多的宝宝显然很"让人操心"，即使是在生病的时候，也一刻不停地动来动去，一会儿要去摸转椅的轮子，一会儿又要去摸垃圾桶的盖子，这可害苦了奶奶，紧跟在旁边不住地说："这个脏不能摸，这个危险不能摸……"边说边抓住小孙子的手，可越阻拦小宝宝就越要去摸，眼看着奶奶的声调越抬越高，与之相反，妈妈却出奇淡定，看都不看这祖孙俩，一直在我跟前诉述孩子这几天的病情，很明显她已经对眼前的情形司空见惯了，直到奶奶满脸不高兴地抱起孩子走出诊室。在孩子的哭闹声中，我对妈妈说："在保证安全的前提下要让小孩子充分去感知外界环境，这个道理你们年轻人也许能够认识到，我相信你也能做到，但是你要让老人也理解其中的重要性，而不应该一味地不理不睬，这样做不但会引起两代人之间的矛盾，同时也会因为标准不同导致孩子的认知混淆，对他的发育造成不利影响。"

　　在婴幼儿发育过程中，感知觉的发育是非常重要的，感知觉是指视觉、听觉、嗅觉、味觉和触觉等能力，这些能力是我们人类各项能力中最早发展的，也是最基础的能力，从降生到人间的第一刻开始，小宝宝就需要不断地用

眼睛看，用耳朵听，用鼻子闻，用嘴去尝，用手去摸，用脚去踩……才能去认识世界，丰富认知，因此我们不但不应阻拦孩子们看似"无知无畏"的行为，反而要为其创造良好的环境，提供丰富的信息，让他们去看、去听，去尝、去摸。例如，为一岁以内的宝宝准备不同颜色、不同形状和发出不同声响的玩具，也可以让宝宝多去触摸日常生活中随处可见的物品；一岁以后触觉的作用越来越大，宝宝对物品的形状、大小和质地也有了一定的感知基础，并掌握了拿起不同物品的技能，此时大人应该在确保安全的前提下，允许孩子去触碰各种东西，让他在触碰过程中获得各种经验。随着年龄的增长，儿童探索的事物更加广泛，我们就可以利用穿衣吃饭、做家务、外出游玩和做游戏等各种形式让他去认识更加丰富的世界。不难想象，如果我们阻止孩子去摸、去尝，他就无法全面感知各种事物，也就无法对所有事物形成正确的认识，他眼中的世界就是片面的，不清晰的，甚至是错误的。当然，在让孩子放手去触碰的同时，要进行正确的引导，要告诉他什么样的东西是安全的，什么样的是有危险的，而不应一味阻止，否则不但会影响孩子正确概念的形成，同时也会更加激发他的好奇心，反倒会出其不意地去碰一碰，由此导致危险发生。

Tips

1 知识点：

婴幼儿的知觉能力发育，是其认知和心理发育的基础，可以帮助其正确地认识世界，为其学习能力奠定基础。

2 敲黑板：

促进感知觉发育，看护人应在确保安全的前提下，正确引导和参与，让孩子用视、听、嗅、触、尝的方式去感知周围世界。

3 解矛盾：

作为孩子的抚养人，不论年纪大小，生活经验多少，都应充分了解感知觉发展对孩子一生的重要性，如有家人缺乏这方面的知识，其他家庭成员应有理有据地为其讲解。

心理与教育篇

故事1 一个是"望子成龙"，一个是"孩子还小"

隽隽是个四岁男孩儿，自从他上了幼儿园，原本相处融洽的奶奶和妈妈因为上兴趣班的事儿吵了好几次架。妈妈从小是学霸，所以本着"不能让孩子输在起跑线上"的原则，从选择幼儿园开始，就很注重教育水平，在考察了十几个幼儿园以后，为隽隽选择了一个承诺能在大班阶段完成小学一年级课程学习的幼儿园。对此奶奶其实已经提过反对意见了，但最终还是妈妈"胜利"了。可是后来妈妈的做法让奶奶忍无可忍！为了能让孩子全面发展，妈妈给隽隽报了三个兴趣班，除了每周两次幼儿园放学后的钢琴课，还有周末的英语班、游泳课。看着小孙子每次不情愿地被大人带走上课，又不开心地被接回来，甚至有几次因为没读对英语单词让妈妈训哭，奶奶实在心疼了，就对妈妈说："孩子还这么小，就是应该每天高高兴兴地玩儿，快快乐乐地跑，学习是以后的事，现在就让他因为学习不开心，恐怕上学以后就更抵触，再说了，孩子不高兴他也学不好啊，你看，每次被你训以后孩子连饭都不吃了，这样下去要生病的！"

隽隽妈妈这样的虎爸虎妈为数不少，从幼儿园开始就培养学霸，但学龄前阶段的幼儿，身体发育、智力运动发育以及认知水平都仍然处在稚嫩的阶段，对于绝大多数孩子而言，还无法承担超出年龄的知识学习和运动锻炼。在这个阶段，重要的是培养良好的行为习惯，正确的行为准

则，同时要让孩子尽可能多地接触自然环境、人文环境，从而发现自己的兴趣点，为今后的学习奠定基础。曾经有一位诺贝尔奖获得者在记者采访时被问到："您在哪所大学、哪个实验室学到了您认为最重要的东西？"这位白发苍苍的学者说："是在幼儿园，我学会了把自己的东西分一半给小伙伴，不属于自己的东西不要拿，东西要放整齐，饭前要洗手，做错了事要道歉，午饭后要安静地休息，要仔细观察大自然……直到现在，我学到的全部东西就是这些。"可见，幼儿阶段影响人一生的是良好的习惯，优良的品质，广泛的兴趣和好奇心。这里说到的兴趣，绝不是报各种兴趣班，因为决定兴趣班选择的常常是家长，而不是孩子，同时，很多兴趣班存在超前学习和灌输式学习，因此就出现了前面案例中隽隽的表现，正如奶奶所说不但没有学好，反而会让孩子对学习产生心理抵触。很多小学低年级的老师反映，在幼儿阶段有超前学习的孩子，上了小学就会出现上课不听讲，不遵守课堂纪律的问题。因此，应该将兴趣和兴趣班充分融合，真正从幼儿的兴趣出发，让孩子自己选择。兴趣班的教育形式也要符合幼儿年龄，而课外兴趣班的时长，教育专家给出的建议是每周不超过一小时。幼儿喜欢生动的故事、快乐的游戏和丰富的色彩，无论是在幼儿园，还是在家庭内，都要给孩子营造这样的氛围，而并非简单地说教和重复。学龄前阶段，一定要让孩子"玩"好，当然，这里的"玩"不是简单地"玩耍"，而是利用孩子爱玩的天性，在不同的环境里"玩"，和不同的人"玩"，用不同的工具"玩"，在"玩"中学习知识，发现兴趣，掌握方法，学会准则。

Tips

1 知识点：

超前学习，灌输式教育，可能会让孩子对学习产生抵触，甚至逆反心理，影响小学阶段的学习，不利于良好学习习惯的养成。

2 敲黑板：

学龄前阶段的教育，应让孩子在"玩"中发现兴趣，掌握方法，学会准则，养成良好的行为习惯，培养广泛的兴趣爱好和好奇心。

3 解矛盾：

年轻人要充分听取老人的育儿建议，并结合教育专家的指导，对自己孩子的情况做出正确分析，并且最好全家人共同参与幼儿的日常教育。

故事2 　过马路的方式引发的争吵

　　一天门诊刚刚开诊，诊室里就进来了一对"吵了一路"的父子俩，爷爷和爸爸带着五岁的小孙子来门诊，原本是因为孩子发烧来见我，谁知一进诊室，爸爸就迫不及待地向我告爷爷的状："我在路边车里等着接他们，眼睁睁地就见我爸拉着我儿子一路小跑地闯红灯过了人行横道，我赶紧提醒他这样做不对，既危险也会让孩子错误地模仿。可是您听他怎么说，他说那么多人都过去了，车也会让人，不会有危险。"这时候爷爷也生气地说："就这点事儿你跟我吵了一路，我闯红灯过马路不是怕你等得着急吗？再说了，我每天接我孙子从幼儿园回家，过人行横道的时候都是这样啊！大家一起过，从来没出过问题！"我明白了他们吵架的原因，看到一脸紧张站在一旁的小朋友，就马上劝阻道："小孩子还在发烧，我们先解决生病的问题。"我边给孩子做检查边和孩子聊了起来："关于过马路的方法，幼儿园的老师怎么说呀？"可爱的小朋友毫不迟疑地接着说："红灯停，绿灯行。"此时，我用余光看到爷爷悄悄地走出了诊室。我看着正在得意的爸爸，也不客气地批评他，不应该在孩子面前和爷爷吵架，因为小朋友的很多言行态度都会模仿身边大人。

　　幼儿期是行为习惯养成的关键时期，由于孩子各方面的发育尚未定型，因此既容易养成良好的行为习惯，也容易形成不良的行为习惯。在对幼儿不良行为习惯形成的

原因分析中发现，家庭影响和幼儿园教育是两大因素，其中，因为孩子从出生起就生活在家庭中，而天性又善于模仿，父母和亲近的看护人是他们模仿的首要对象，因此，家庭中所有人的行为举止、言谈仪态，对幼儿的影响是排在首位的，而且，这些影响会伴随人的一生，所以就有"父母是孩子第一任老师"的说法。榜样的力量是巨大的，为了能让孩子养成良好的行为习惯，全家人都应提高自身修养，时刻审视自己，摒弃不良行为，遵守社会秩序，遵守道德规范，勤俭节约，乐于助人，勤劳自律，作息规律，饮食健康，有良好的卫生习惯；同时要营造和睦融洽的家庭气氛，孩子在场的时候，不要吵架，彼此之间互相谦让，相互谅解，不要动不动就发脾气，更不能有污言秽语；任何时候都不要对孩子撒谎，承诺的事一定要做到，不要为一时敷衍而轻易许诺；对孩子提出的问题要用心倾听，耐心解答，不轻易说"不知道"；朋友来做客时，要真诚地表示欢迎，热情招待，在孩子面前，不要随意地议论他人；要想让孩子懂礼貌，周围人就要用好"谢谢""请""对不起""不客气"等礼貌用语。在注意自身行为规范的同时，家长们还要随时发现孩子的错误行为，及时纠正，边示范边纠正，这样才能在潜移默化的影响下让良好的行为习惯成为孩子自身的一部分。

Tips

1 知识点：

家长自身的不当行为，可能会让孩子形成不良或错误的行为习惯，甚至伴随一生。

2 敲黑板：

做孩子的优秀榜样，提高自身修养，营造和睦融洽的家庭气氛，随时发现孩子的不良习惯和行为。

3 解矛盾：

年轻人和老人应互相提醒，改正自身的不良行为习惯，共同为孩子树立良好榜样。另外，不要在孩子面前用不好的语气和态度争吵，以免孩子模仿。

一问三不知的妈妈埋怨姥姥管得太多

　　小宝宝的日常就是无数个"吃喝拉撒睡"的循环。有的妈妈凡事亲力亲为，有的则是另一个极端，都由别人代劳。当然，两个极端做法都是有问题的，管得太多就会影响孩子自理能力的形成，而管得太少就会失去亲自陪伴的意义。从另一个角度来说，妈妈放手后大都由隔代抚养人来养育宝宝，就有可能出现喂养不当、过度保护等情况，由此也产生了很多育儿矛盾。工作中我也会经常遇到类似的场景。对于一些生长状况不太理想的宝宝，吃奶和排便情况是我必须要详细了解的。

　　一次，一个五个多月的宝宝因为近一个月体重没有明显增长，妈妈和姥姥带着来见我。我习惯性地询问妈妈："孩子是母乳喂养，还是人工喂养？每次的奶量是多少？吸吮力好不好？每天排便几次？大便的颜色性状是什么样的？睡得好不好？"面对我的问题，妈妈的表现是"一问三不知"，每次都把目光投向姥姥。我也只好转向姥姥来询问，得知最近一个月宝宝的奶量明显不足。显然老人并不知道这个月龄的孩子每天应该完成的奶量。当我说出我的判断后，妈妈马上埋怨姥姥："就是你什么都不让我插手！"看着一脸委屈的姥姥，我对孩子妈妈说："老人带孩子只是帮忙，育儿的主要力量必须是你和爸爸，而你对宝宝的关注太少，这才是主要原因！"

　　在我国，祖辈养育孩子的比例明显高于其他国家，尤

其是独生子女一代成为父母后，一方面他们自己更注重追求自身价值的实现，另一方面他们的父母还延续着从小宠到大的做法，就造成了我们上面案例中所说的现象。当年青一代父母在面临自我生存发展与抚养孩子的矛盾冲突时，自己的爸爸妈妈自然成为帮助甚至替代养育宝宝的主要力量。很多老人自己有丰富的育儿经验，又乐于接受和更新育儿知识，身体健康，精力充沛，既能帮助年轻父母很好地养育孩子，又能帮新手爸妈解除育儿焦虑，这样就能让子女将更多的精力投入工作中，毫无后顾之忧，同时他们自己也在情感和精力的付出中享受到生命延续的快乐和满足感。但是有的老人获取新知识的渠道相对封闭，主动性也不足，在育儿过程中受自身所处时代和环境影响，教育理念和经验往往不能适应当下的需求，如果不及时发现并纠正，就容易对孙辈成长造成负面影响。孩子的养教，父母一定是主力。根据一项对我国父母参加幼儿家庭养育和教育的现状调查发现，结果不容乐观，父母陪伴和养教的缺失很容易造成孩子性格、情感、智力、社会性等方面的缺陷，也会对孩子的心理特点和行为特征产生不良影响，导致孩子显得缺乏自信，性格懦弱，不敢表达自己的真实想法，没有主见，没有创造性。婴幼儿的成长主要在家庭内完成，而这个阶段又奠定了其一生健康、智力、情感、性格和心理、行为等基础，因此家庭内部应采取适当分工，形成优势互补。老人负责提供帮助，同时要注意提高自身教育素养、更新育儿知识观念，年轻人也要认识到父母养育和陪伴对孩子的重要性，不要把"忙、累"当借口，要承担对下一代更多的责任，和孩子一起成长。

Tips

1 知识点：

父母陪伴和养教缺失，会对幼儿产生诸多的影响，诸如性格、情感、智力、社会性等方面的缺陷，缺乏自信，性格懦弱，不敢表达自己的真实想法，没有主见，没有创造性等。

2 敲黑板：

老人帮助养育孙辈，应注意提高自身教育素养、更新育儿知识观念，同时年轻人应承担对下一代更多的责任，和孩子一起成长。

3 解矛盾：

隔代育儿家庭中的两代人，要合理分工，优势互补。

隔代育儿全攻略 ▶▶

故事4 "不满足就撒泼" 的孩子背后

常常会有家长跟我抱怨自家的宝宝任性，一旦有要求就必须无条件被满足，否则就会"大哭大闹"甚至用"绝食"来威胁大人直到目的达成。

一次，一个文质彬彬的年轻人满脸无奈地走进诊室，身旁跟着一老一小，能看出是祖孙三代。爸爸对我说，儿子今年两岁半，最近一段时间疯狂地"迷恋"上了爸爸的电脑，只要看到就过去用力地拍打键盘，不让敲就哭闹喊叫，因为自己有很多工作要带回家完成，这样一来，不仅无法工作，还有几次弄坏了已经写好的文件，情急之下他就吼了孩子几句，谁知却惹恼了把孙子从小宠到大的爷爷，当着孩子的面毫不留情地教训爸爸，结果每次都以爸爸的失败结束，为此键盘都换了好几个。见到儿子的语气中有明显不满，坐在一旁的爷爷说："孩子还小根本不懂事，他怎么知道什么该要什么不该要，再说，孩子一哭起来撕心裂肺，满脸通红，哭坏了怎么办？特别是有几次在超市，他要东西你们不给买，孩子满地打滚地哭，你们又拉又拽，不怕别人笑话啊！"听了这父子俩的对话，我发现了在"如何应对幼儿的不合理要求"这个问题上，这位年轻父亲和老人的做法都是不可取的，年轻人的做法过于简单粗暴，老人又是另一个极端——无条件满足，这样都会对幼儿的心理发育和行为养成造成负面影响。

儿童时期的心理发育有明显的年龄特征，家长们应该做好充分的准备，让自己掌握与孩子年龄段相符的育儿方

法和应对技巧，同时一定要全家人统一标准，达成一致。对于孩子的不合理要求，首先全家人都要保持良好而坚定的心态，不要认为拒绝孩子会造成伤害，相反这恰恰是对他最好的教育。要告诉"无条件满足"的老人，要想把孩子培养成有良好的行为规范和心理准则的人，那么面对孩子最初的不合理要求，就一定要坚决地说"不"，不能有丝毫心软。不同阶段的处理原则是，0～2岁直截了当，2～4岁冷处理，4～6岁讲道理，但具体的方法要根据不同场景、不同个体和不同的养育习惯来灵活操作。我们就以上面的案例中提到的两个场景为例，第一个场景的处理步骤为：坚决拒绝—转移目标—事后表扬。爸爸首先要用毫无商量的语气对孩子说："不可以"，其次可以为孩子准备一台"专属于"他的键盘，最后要表扬他操作自己键盘的时候"比爸爸还熟练，又快又准"。处理第二个场景的步骤是，"事先声明—坚决拒绝—冷处理—激将法—事后安抚"，在出门前就要跟孩子商定，比如"今天我们只能买一件玩具，今天我们只能吃儿童餐"等，在此之外的所有要求一定要毫不留情地拒绝。面对孩子的撒泼打滚，家长首先要控制自己的情绪，保持冷静，其次只需在保证安全的前提下站在一旁或离开一段距离静静地陪伴，让他自己安静下来，或者可以用激将法简单地说几句："你连这一点都做不到，还说自己是男子汉？"最重要的是事后安抚，当孩子自己停止哭闹走到妈妈身边的时候，妈妈一定要给他一个拥抱，告诉他"妈妈不喜欢你又哭又闹，下次如果你还是这样做，妈妈同样不会答应你的"。当然，对于"隔辈亲"的老人来说做到这些可能更加困难，因此建议年轻的爸爸妈妈应该利用合适的时机做出示范，让老人掌握正确的方法，而不要一味地埋怨和指责。

Tips

1 知识点：

家长对幼儿不合理要求处理不当，会让孩子形成错误的价值观、行为规范和心理准则，不利于社会适应能力的培养。

2 敲黑板：

对于孩子无理要求的处理原则：0 ~ 2 岁直截了当，2 ~ 4 岁冷处理，4 ~ 6 岁讲道理，根据不同阶段、不同场景、不同个体、不同养育习惯采取适宜的方式。

3 解矛盾：

全家人都要不断学习科学有效、事半功倍的教育方法，并结合自己家的实际情况想办法落实，遇到需要较长时间才能导正的儿童行为问题，两代人要统一标准，统一行动。

"不好好吃饭就打针"

　　每次路过儿科门诊治疗室的时候都会听到"震耳欲聋"的哭喊声，孩子们对打针的恐惧有形形色色的表现，不同的表现折射出每个家庭的不同教养理念，有的是值得称赞的，可有的却反映出家长存在错误的教养方式。

　　有一次，我远远地看见治疗室门口几个家长围着一个哭闹的小朋友，就是一次很平常的预防接种注射，他们已经被孩子弄得无计可施了。我走到近前，看到小朋友拉着一位老人的胳膊，边哭边哀求："奶奶，我听话，不买玩具了，好好吃饭，我不要打针。"我一听便知道了缘由，是奶奶日常的"威逼利诱"对孩子造成了很大的心理影响。类似的例子还有很多，"不听话就送你去幼儿园"导致孩子有严重的入园抵触，"再不回家就告诉你爸（妈）揍你"引起孩子对父（母）的惧怕，等等。

　　幼儿对于某件事或某个人的反应和态度常常与平时看护人给予的心理暗示有关，害怕打针、惧怕老师或父母长辈，都与此有关。一方面，可能事情或人物的本身曾经给孩子造成不舒服的体验。另一方面，就是周围人，特别是孩子最信任、最依赖的人，表现出的态度加重了这种体验。就以小孩子怕打针这件事为例，冰冷的消毒液和针头、陌生的环境、气味和医生护士，加上肉体的疼痛，足以让婴幼儿产生强烈的恐惧感，如果此时爸爸妈妈一脸焦虑，心疼不已，就会让孩子的感受雪上加霜。另外就是家

长的误导，不停地在孩子耳边说："打针不疼，一点儿都不疼……"造成巨大的心理落差，也会让孩子从此惧怕打针。最常见的原因就是案例中提到的不恰当的教养方式强化了这种不良感受，生理上的疼痛被一次次地放大，伴随着心理上的疼痛、恐惧和挫败感，就让这种疼痛不断被强化，类似做法还会严重影响孩子和父母的亲子关系，影响和老师的亲近关系，从小形成的心理阴影会一直延续到成年，甚至还会让他们在为人父母后都不敢去触及这些阴影。

伴随着对医院环境的心理恐惧和针刺时的肉体疼痛，小孩子一进医院就大哭大闹是让很多新手爸妈头疼的事，也让疼爱孙辈的老人无从下手。可以从以下几个方面来应对打针恐惧，一是全家人都应该淡定地表现出这是一件很平常的事情，不要表现出如临大敌似的担心和紧张。二是在日常可以利用看绘本、动画片和做游戏的方式，进行角色扮演，模仿就医过程，让孩子对人物和环境没有陌生感。三是要告诉孩子真实的感受，对他说："打针会有一点儿疼，爸爸妈妈小时候也打过针，有时候也会哭。"四是全程陪伴，做好安抚，也可以给孩子带上平时喜欢的玩具、喜欢吃的零食来缓解恐惧和疼痛。除此之外，家长们还应避免用"利诱"的方式来达成目的，比如"乖乖地打完针咱们就去买玩具，去公园"等，这样做尽管可以起到暂时的成功，但并不利于孩子自身适应能力和克服恐惧能力的锻炼，同时，也养成了条件交换的不良习惯，凡事讲条件，一旦得不到满足就放弃，都将对孩子的身心健康成长产生不利影响。

Tips

1 知识点：

放大心理恐惧，不利于孩子适应能力的培养和锻炼，影响亲子和亲近关系，对成年后的社交能力产生影响。

2 敲黑板：

孩子打针时，家长应态度平和淡定，日常要常做角色扮演游戏，告知孩子打针的真实感受，陪伴安抚，不做条件交换。

3 解矛盾：

全家人以统一的认识和原则，共同对孩子进行打针、吃药、看病等的适应性训练，帮助孩子克服恐惧心理，还应在日常养育中避免错误言行和做法。

故事6　都是桌子可恶，打桌子；
都是爸爸不好，打爸爸

　　每天在门诊我都能在不经意间发现一些家长对孩子不正确的教养行为。

　　一次，一个男宝宝在候诊区跑来跑去的时候，头碰在桌角上，听到孩子的哭声我赶紧过去查看，发现并无大碍，但接下来家长的做法却引起了我对这件事的重视。这是一个两岁多的宝宝，天性活泼好动，爸爸和姥姥寸步不离地跟在身边，眼看着孩子一个趔趄没站稳，爸爸赶紧伸出手去，但还是没来得及，宝宝的头撞到了桌角，紧随其后的奶奶心疼地抱起孩子，握着宝宝的小手边拍打桌子边说："都是桌子可恶，打它！"然后又转向拍打爸爸："都是爸爸不好，让宝宝碰头了，打爸爸！"看着哭泣不止的儿子破涕为笑，姥姥又一脸埋怨的神情，几次张口想劝阻老人的爸爸欲言又止。

　　这是典型的"推卸责任"式错误教育方式。一旦习惯了这样的氛围，孩子就会遇事先推脱责任，千方百计为自己寻找开脱的理由，一味去找别人的问题。孩子受了伤，家长心疼是理所当然的，但千万不要像案例中提到的老人一样，一味地对着桌子和爸爸发泄，这样的关心和疼爱是"变味"的，只能教会孩子即使是自己不小心，做错了事也不需要担心，不是你的错，不需要承担责任，这样的关心看似一种对孩子的"爱"，实质上却是一种"害"。如果让孩子长期生活在逃避自我责任的环境中，就会使其变得自私、冷淡，这样是不利于孩子成长及将来发展的。相信每位家长都认可要从小培

养孩子不怕困难，勇于承担责任的优秀品质，而这种品质的养成并不是一朝一夕能够完成的，应在不同的年龄阶段采取不同的方式潜移默化地进行。首先，应该从身边事做起，从日常小事做起，从家庭日常的穿衣吃饭开始，鼓励孩子自己完成，家长负责指导，完成后一定要检查，告诉孩子："不怕出错，做不好爸爸妈妈也不会责怪你。"但对于错误问题就要耐心地帮助他自己如何改进。其次，这样的锻炼和教育要持之以恒，不要轻易放弃，要让孩子懂得现在做不好的、不会做的事经过你自己的努力一定能做好；同时应注意为孩子提供的锻炼内容一定要符合其自身发育水平，比如，让刚开始学走路的宝宝经过努力能抓到不远处的爸爸，为练习脱穿衣服的宝宝选择没有绑带和纽扣的衣服，等等，目的是不要打击孩子自信心。另外，可以结合孩子年龄，通过看绘本、做游戏或参与劳动等方式培养孩子不怕困难，勇于承担责任的品质，比如，照顾生病的娃娃，帮助摔倒的小朋友，亲手种下一盆花，养大一个小宠物……最后，家长们一定不要忽视自身行为对孩子的影响，一岁左右的宝宝已经开始模仿别人的行为动作，这是最原始的学习方式，又因为其自身并没有分辨是非的能力，因此就将周围大人的行为默认为是正确的，不难想象，一个对家庭、对社会毫无责任感的家长是无法培养出很有责任心的孩子的。家长们不妨也有意识地和孩子谈谈自己的工作，把自己克服困难后完成工作的喜悦和成就感传递给孩子，让孩子感觉到责任的重要性，告诉他人的一生就是在不断克服困难中前进的。对于上面案例中的场景，处理的方法就是要清楚地告诉孩子，"碰头"是他自己造成的，以后走路要小心看路。要让孩子从小就知道为自己错误的行为承担后果，做对了应当得到表扬，做错了就应受到批评。

Tips

1 知识点：

"推卸责任"式教育，对孩子的危害很大，会让孩子习惯于为自己的错误行为找借口，变得自私、冷淡、毫无责任感。

2 敲黑板：

让孩子从小就知道为自己错误的行为承担后果，从日常小事做起培养孩子不怕困难、勇于承担责任的优秀品质。

3 解矛盾：

两代人在共同育儿时，如果感觉对方的一些习惯的做法和言行对孩子的成长不利，要找出相应的专家意见和案例证据，理性讨论，并为对方做出正确的教育示范。

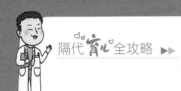

故事7 孩子不懂得珍惜，是玩具太多了吗

　　孩子的一举一动常常会暴露出日常家庭教养的一些问题。在门诊，为了缓解幼儿对医院环境的惧怕引起紧张，候诊区为孩子们准备了一些玩具和图书，很多宝宝都能在家长的看护下安安静静地摆弄玩具，翻看图书，但也会发生下面的场景。

　　一个三四岁的小姑娘不停地把奶奶拿到面前的玩具推到一边，换了几次都没有找到中意的玩具，当奶奶又为她挑选了一件的时候，小朋友竟然拿起玩具重重地扔到地上，边扔边说："不好玩，不喜欢！"奶奶马上教训道："你不喜欢也不能乱扔，摔坏了别的小朋友就不能玩啦！"被奶奶这样一训斥，小姑娘哇哇地哭了起来，这时候，妈妈一把抱起孩子，头也不回地走向小卖部："宝宝不哭，妈妈去给你买一个你喜欢的玩具。"看到这一幕，周围的家长都不禁用同情的目光看着尴尬地站在原地的奶奶。奶奶无奈地摇摇头说："家里的玩具堆了满满一屋子，哪个都是玩儿不过三天，我和她爷爷说了这样做不好，孩子不懂得珍惜，可她妈说女儿要富养，不能让孩子受委屈。"

　　关于"富养还是穷养"，一是要结合不同场景，二是要掌握合理的标准，既不能一味地"富养"，对孩子的要求有求必应，甚至是无求也应，这样做的结果就会导致孩子不知道珍惜，不懂得感恩；同时也不能一味地"穷养"，导致需求饥渴，童年长期的匮乏感会导致无法填平的欲望沟壑。其实"穷和富"并非由简单的物质条件决定，而是由家庭气氛和家庭成员的心态来共同决定的。家长应充分认识到，"富"

不仅指物质上的富足，还应包括精神上的富有，而"穷"也包括心灵需求无法得到满足。例如很多出生于物质贫乏时代的人，尽管童年时期物质匮乏，但却生活在充满小幸福的家庭氛围中，父母也从来不对孩子传递生活艰辛的沉重感，经常会用采来的一束花、亲手制作的一把小木枪带来惊喜，用读书和旅行来增长见识，在精神上让孩子感觉到富足，这样长大的他们在成年后很多都有所成就。反之，如果一味地满足物质需求，认为只要为孩子买买买，买最好的，买更多的，而忽视了对孩子的教育和陪伴，那么父母给孩子传递的信息就是物质上攀比，不需要珍惜。所以说，"富养还是穷养"取决于父母的心态，跟经济能力关系不大。

对于孩子的需求应该如何理性地满足呢？首先是父母真诚告知并坚持原则，结合家庭的实际情况和当时的场景，没有能力或不愿意满足时，一定要直言相告，就以买玩具为例，完全可以真诚地告诉孩子"这个玩具太贵了，爸爸妈妈暂时没有能力满足你"，或者"我们认为你的玩具已经足够多了，这个不需要，不会给你买"。而且一旦拒绝就要坚持到底，不能出尔反尔。其次是要让孩子从小树立正确的消费观念，合理、科学、健康的消费是孩子成长的需要，当他听从家长的建议放弃购买玩具后，一定要给予极大的表扬和奖励，比如说带孩子去趟游乐场，和小伙伴进行一次郊游等，都可以让他觉得节约是一件非常光荣和有成就感的事情。可以引导孩子在小朋友之间交换图书和玩具，和家长一起定期整理衣服、图书和玩具，把闲置的东西拿去交换或捐赠。用劳动积累财富也是可以从小锻炼的，让他通过做家务劳动来积攒零钱，用攒下的零钱去购买自己心仪的玩具，都是不错的做法。日常交流中，家长们也可以通过讲经典故事启迪孩子学习勤俭节约的良好品德。当然，最重要的还是以身作则，要想让孩子懂得珍惜，家长也要不浪费，应先做到"一粥一饭，当思来之不易"。

Tips

1 知识点：

不合理的"富养和穷养"会对孩子的健康成长造成危害，可能造成孩子不懂得珍惜，不知道感恩；需求饥渴，形成无法填平的欲望沟壑。

2 敲黑板：

家长应结合实际情况，真诚地指导孩子拥有与放弃，并坚持原则，从小培养正确的消费观念和勤俭节约的优良品质，为孩子营造精神上的富足。

3 解矛盾：

两代人应共同设定合理的消费尺度，形成一致的教导方式，一起为孩子营造丰富的精神世界。

故事8　辛辛苦苦地养出了一个专注力极差的孩子

越来越多的家长意识到"专注力"对孩子学习和成长的重要性，特别是发现自己家的宝宝平时很难专心地看完一本十几页的绘本，或是根本无法把注意力集中到面前的玩具上，就非常担心以后上学在课堂听讲都可能会有问题，于是很多家长不惜重金去为孩子进行"专注力训练"。然而训练中发现，上训练课的时候，孩子都能跟着老师完成项目，一回到家里，马上原形毕露。这其中有很多是不当的养育方式造成的。

曾经有一位妈妈跟我抱怨，家里的小朋友天生好动，用妈妈的话说就是"很难安安静静地待上三分钟"，为此她也把孩子送去进行专注力的训练，但却发现收效甚微。我让妈妈详细描述孩子日常的一些具体表现，随后就发现了根本原因。平时小朋友由爷爷奶奶带，奶奶负责穿衣吃饭，陪玩儿的任务就落在爷爷身上。可小朋友天生强烈的好奇心让爷爷操碎了心，九个月开始，爷爷要不断地抱起正在地板上捏头发的他；一岁了，要无数次地抱走正在研究垃圾桶的他；一岁半，要经常呵斥住试图捡起地上米粒儿的他；两岁，在小区花园里爷爷要紧随其后生怕"不卫生，不安全"；小孙子要看蚂蚁，爷爷说"太脏"，要去看荷叶上的露水，爷爷说"太危险"。正是这种不合时宜的"打扰"让爷爷辛辛苦苦地"毁"了孩子的专注力！

专注力也就是我们常说的注意力，生理学上的含义

是指把视觉、听觉、触觉等感官能很好地集中在某一事物上，达到认识事物的目的，心理学上是指能够在较长时间内把注意力集中在某一事物上的能力。良好的专注力是每个人学习和工作的基本能力，而这种能力的培养需要从婴幼儿阶段就开始，这样才能为孩子的学习能力奠定基础。为了达到这样的目的，需要从家庭环境、养育方法和游戏训练几个方面共同进行。过于凌乱的摆设，过于斑斓的色彩，过于嘈杂的声音都会令孩子很难集中注意力，所以婴幼儿的家庭布置应该尽量有条理，色彩不要太跳跃，当宝宝专注地在玩儿玩具、看绘本的时候，周围不要有嘈杂的声音，当孩子专心吃饭的时候，大人不要喋喋不休地高谈阔论。避免一些错误的养育行为对孩子专注力的破坏，也是很重要的，例如小宝宝在努力追视一个滚动的皮球，大人千万不要逗引他说笑。在保证安全的前提下，当孩子专心地研究、摆弄某个物品或某个现象时，不要打断和打扰。其实日常训练孩子专注力的家庭游戏有很多，在不同年龄段家长可以结合孩子大动作、精细动作和语言发育水平，利用轻松好玩的游戏，既能够促进注意力的养成，又能很好地培养亲子关系，例如，捏米粒和小豆子、搭积木、绕线团、穿珠子、拧螺丝、击掌拍手、画画剪纸等手眼协调的游戏；走直线、走平衡木、跳格子、模仿大人动作、打乒乓球等大动作游戏；跟我唱、复述句子、听广播学播音等语言训练，都能达到共同促进的目的。当然，不同的孩子性格不同，兴趣点也不同，在训练过程中，家长们千万不要简单地模仿他人，也不要相互比较，要看到孩子的进步，只要他的注意力能够集中的时间越来越长，即表明成果是令人满意的。

Tips

1 知识点：

不合时宜的"打扰"，会让孩子无法将注意力集中在某件事情上，不利于专注力的培养。

2 敲黑板：

家长应营造适宜的家庭环境，避免错误或不当的养育方法，利用日常亲子游戏进行专注力训练。

3 解矛盾：

两代人在孩子的专注力问题上产生分歧和矛盾时，一方要科学而礼貌地让另一方了解孩子专注力形成的规律，了解不适宜的打扰对孩子的影响，并要尽量多地一起带孩子进行亲子游戏。

故事 9 一个刚说："跌倒了自己爬起来"，另一个已经抱起了孩子

　　经常听到周围年轻的父母会这样教育孩子："跌倒了自己爬起来！"这既是父母对一个走路不稳的宝宝的要求，也是对孩子以后遇到困难自己解决的希望。然而，这样一个看似简单的要求常常会引起家庭矛盾。

　　有一次，我在候诊区目睹了一场婆婆和儿媳之间的争吵，导火索就是两岁多的小孙子摔倒了，妈妈"自己爬起来"的命令刚出口，奶奶就抱起了孩子。奶奶的做法显然让妈妈很不高兴："您从小就太溺爱他，孩子长大了应该让他知道必须自己克服困难，不能怕疼，不能凡事都依赖大人！"奶奶也不甘示弱地埋怨妈妈："你从孩子出生起就训练他，哭了不让我们抱，结果却是孩子越练胆儿越小！'摔倒了自己爬起来'我没意见，可孩子膝盖都摔破了，疼得哇哇直哭，站都站不起来，我不能站在一边不管，这样太伤孩子心了！"眼看着婆媳俩各执一词，争得不可开交，我赶紧上去劝阻："锻炼孩子不怕吃苦、遇到困难自己解决的做法是对的，在孩子需要安抚的时候家长及时给予帮助也是没问题的，但你们俩的做法都有各自的缺陷。一是不了解孩子的心理需求，二是没有采取恰当的方法。"

　　为了从小培养孩子不怕挫折，克服困难的勇气，很多家长会非常重视日常行为中的细节训练，比如"跌倒了自己爬起来，把搭好的积木推倒重来"等，但是在此过程中，会有一些过激的做法。要知道，过度打击与过度呵护

一样有害。过度呵护会让孩子缺乏独立应对困难的勇气和能力，而过度打击则会让孩子失去自信，不愿意去挑战和尝试。

当孩子遇到困难和打击时，家长们应该采取恰当的方式，既要及时地给予精神鼓励和恰到好处的支持，又要避免无原则的宠溺和不假思索的帮助。首先，要做好孩子心理上的安抚，同时激励他自己想办法解决，取得成功后送出奖励。其次，可以采取注意力转移法，不要集中在眼前临时的困难上，不要一味强调这件事对孩子的伤害，而是要发现原因，找到解决的办法。除此之外，我们可以创造机会，利用运动、游戏、讲故事、看绘本等方式，让孩子学习更多的榜样，掌握更多的方法。以我们案例中提到的为例，妈妈的做法，没有给孩子及时的关注和支持，导致孩子没有足够的勇气，失去对大人的信任，而奶奶的做法问题在于，直接帮孩子解决困难，没有让他得到锻炼，不利于养成克服困难的良好品质。

正确的做法是，当孩子摔倒后，家长应该马上蹲下来，用鼓励的眼神和语气对他说："原来是这个小石子让宝宝摔倒的呀，你最棒了，一定能像'×××'一样勇敢，自己站起来！"当小朋友站起来以后，妈妈一定记得给他一个大大的拥抱，告诉他："你长大啦，是个真正的小战士了！"

Tips

1 知识点：

过度呵护和过度打击，都会对孩子产生不良影响。

2 敲黑板：

孩子遇到挫折，家长应做好心理安抚和
鼓励，激励孩子自己想办法；取得成功
后送出奖励；采取注意力转移法，创造
机会让孩子学习更多的榜样，掌握更多
解决问题的方法。

3 解矛盾：

年轻人和老人应互相取长补短，分别承担不同育儿阶
段的不同角色，共同培养孩子不怕挫折的品质。

 不会自己穿衣服的孩子

常常有年轻的爸爸妈妈跟我抱怨，"只有我俩在的时候，孩子什么都能自己做，可每当有老人在，就什么都不肯自己做！"

有一次，一位妈妈预约了上午十点的门诊，到医院的时候已经整整迟到了一小时，妈妈几乎是把四岁的儿子"拖进"了诊室，小朋友的脸上还挂着泪痕，后面跟着进来的姥姥满脸心疼，一副"敢怒不敢言"的神情。我马上意识到这又是一起育儿矛盾被激化了，就先决定听听矛盾双方的陈词。事情的经过是，因为要带孩子来医院，姥姥就一早赶到闺女家，正巧小外孙刚刚起床，见到姥姥进门，正要自己穿衣服的宝宝马上要求"姥姥给我穿衣服"，妈妈拦住了姥姥，坚决要求孩子自己穿，由此引发了一场"混战"。小外孙边哭边喊姥姥，姥姥一边埋怨妈妈一边伸手去给孩子套上裤子，妈妈则严厉地呵斥儿子，同时不停地拽开姥姥伸出的手，僵持了近一个小时后才出门。妈妈还告诉我，这种场景在她家里是经常上演的。我先安抚了情绪激动的妈妈，告诉她应该理解老人心疼未就生病的外孙，然后又对姥姥说："四岁孩子必须具备一定的生活自理能力，父母日常的教育和训练是很成功的，您不应该因为心疼外孙就破坏了训练的成果，这样也会降低家长在孩子心目中言出必行的威信。"

生活自理能力就是自己照顾自己生活的能力，是一个

人应该具备的最基本的生活技能，也是人生存能力的具体体现，婴幼儿期是生活自理能力和良好生活习惯初步养成的关键期，此时着手培养是最容易成功的。很多年轻的家长已经具有这样的意识，但老人们常常持有"孩子还小，长大就会了"这样的观点，不仅不主动配合父母的训练，甚至还横加阻拦，对孩子的成长、亲子关系和家庭气氛都产生了负面的影响。

对婴幼儿的生活自理能力培养可以从出生后三个月开始，四五个月双手抱住奶瓶，六个月把奶瓶嘴放入口中，一岁脱穿衣服时主动配合，一岁三个月练习自己用勺子吃饭，一岁半会脱去简单的衣物，大小便会简单表示，一岁九个月用勺子把碗中食物吃干净，两岁模仿大人做简单家务，自己穿简单衣物，会说大小便，两岁半会穿松紧带裤子，三岁会自己洗手和擦手，自己解开和系上简单的扣子。有了这些参照标准，还应注意日常培养和训练的方法。首先应该给孩子营造自己动手的氛围，多提供机会，比如说训练用勺子吃饭，当宝宝开始吃第一口辅食时就要给他准备单独的餐具，训练自主如厕就要准备好小马桶且固定摆放在卫生间；其次是教给孩子有效的方法，比如穿衣服的时候，家长先拉起袖子再帮助孩子把胳膊伸进去，模仿大人的动作练习洗手等；同时家长也要为孩子树立"自己的事情自己做"的榜样，在日常生活中完成自己应尽的职责。需要提醒各位家长的是，生活自理能力的培养和提高是一个循序渐进、慢慢养成的过程，有的任务对于孩子来说真的很难，因此我们应该及时表扬，随时鼓励，不要给孩子提出超出能力范围的要求，也切忌催促和训斥，以免打击孩子自我成长的积极性。

Tips

1 知识点：

忽视孩子生活自理能力的培养，不利于孩子自身成长；朝令夕改也降低了父母在孩子心目中言出必行的威信。

2 敲黑板：

监护人应按照孩子生长发育时间表，对其进行生活自理能力的培养，提供条件，营造环境，及时表扬，随时鼓励。

3 解矛盾：

老人疼爱孙辈的心，年轻人是非常理解的，但同时老人也应重视对婴幼儿生活自理能力的培养，并切实参与其中，与年轻人共同完成对小孙子的自理能力训练。

故事11 "棍棒教育法",代代相传

有句古话叫作"棍棒之下出孝子"，但现代的育儿理念早已摒弃了这种简单粗暴的体罚式教育，但是在某些家庭仍然存在着这种行为。

一次在我的诊室里上演了这样一幕：四岁的小宇因为发烧来就诊，查体的时候孩子非常不配合，大哭大闹无法安抚，正在爸爸妈妈无计可施的时候，门外的爷爷快步走了进来，二话不说拉过小宇，照着屁股和后背重重地打了几下，边打还边说："让你不听话！不听话就挨打！"看着小宇停止哭闹，强忍着小声抽泣和爷爷得意的神情，我意识到这个家庭对孩子的教育方法有问题。后来我单独询问了小宇的父母，才知道爷爷确信孩子一定是"不打不成才，不打不成器"，经常用"拍后背，打屁股"的方式训斥小宇。开始时爸爸妈妈也屡次阻拦，但每次爷爷都说："他爸爸从小就是被我这样教育的，只有这样才能成才！"看着在爷爷面前越来越胆小的小宇，年轻人也只得采取"疏远"的办法，导致了整个家庭的氛围失去了应有的和谐。

我相信从未打过孩子的家长很少。据调查，有25%的父母平均每周要打一次孩子，而父母的受教育程度越低，家庭的经济状况越差，孩子挨打的次数就越多。因为父母不太善于用言语和孩子做很好的沟通，那么"打"就成了最直接的方式。这项研究也发现，孩子挨打的次数越多，儿童时期有侵犯性行为的危险就越大，包括其他违反社会公益的行

为，诸如说谎、欺骗和恃强凌弱等。体罚式教育无论对家庭还是对孩子都会产生不利影响，特别是童年时期的心理阴影，会影响其成年后的行为。体罚孩子，尤其是在公共场合和外人面前打孩子，会极大地打击孩子的自尊心，会使其轻易进行自我否定，造成懦弱自卑的性格；长期在拘束紧张情绪下长大的孩子，成年后也会没有勇气去表达自己的真实情感；体罚式教育还会严重影响亲情关系，导致亲子感情疏远，孩子以后不管遇到什么事情，尤其是做错了事后，都不敢跟父母讲，甚至学会撒谎和欺瞒。在此期间，孩子还容易从父母的打骂行为中学得暴力和攻击手段，形成暴力倾向，对自身、家庭和社会都是一个潜在的不利因素。当然，孩子犯错误的时候一定是要"罚"的，但"打"是最不可取的一种方式。一方面，不要打两岁以下和六岁以上的孩子，对于两岁以下的孩子肉体上的疼痛对心理的影响，远远大于警示效果；六岁以后，家长们完全可以通过讲道理的方式来教育孩子，父母的打骂会造成终生的阴影。另一方面，建议家长不要在自己心情不好和情绪激动的时候打骂孩子，这样很难把握惩罚的力度和尺度，也不要在已经受了委屈和失败的时候体罚孩子，这样做会让孩子的心理打击雪上加霜。在日常教育中，可以采取多种方式给孩子以惩戒，让他意识到自己的行为是不对的，要引以为戒，但所有方式必须是基于父母和孩子完全平等的前提下进行。首先要用严格的表情和语气告诉他"我很生气"，但不要发怒和喊叫；其次一定要讲清楚他错在哪儿，同时要教会孩子正确的方法，任何时候无法进行时，要及时地暂停，"我们今天先不要说这件事了"，给大人和孩子都留出一段冷静的时间。还要提醒各位家长和孩子交谈时，永远要使用正面激励的语言，例如把"你不好好吃饭妈妈就不喜欢你"，换成"你要好好吃饭啊，妈妈就会亲亲你"，这样的教育效果就会积极得多。

Tips

1 知识点：

体罚式家庭教育方式有着诸多危害，如造成孩子的自我否定，懦弱自卑的性格，让孩子没有勇气表达自己的真实情感，使得亲子感情疏远，甚至最后孩子学会撒谎和欺瞒，形成暴力倾向。

2 敲黑板：

不要打骂两岁以下和六岁以上的孩子，不要在自己心情不好和情绪激动的时候、孩子已经受了委屈和失败的时候打骂孩子。

3 解矛盾：

两代人不应把育儿经验局限在自己的成长经历上，要多学习现代的科学教育理念，不仅要了解体罚式家庭教育的危害，还要践行正确的教育方法。

 "姥姥不让我和坏孩子交朋友"

　　昕昕是个五岁的小姑娘。最近半年幼儿园老师发现本来就有些胆小腼腆的她，经常一个人玩，集体活动的时候也躲到最后，不愿意和其他小朋友一起做游戏。看到小朋友整天不太开心的样子，老师就把昕昕的父母请来了解情况，查找原因。老师问昕昕："昨天在游乐区看绘本的时候，童童和琳琳要和你一起看，你为什么走开了呢？"昕昕不假思索地回答老师："童童上课的时候到处乱跑，不听老师的话，他不是好孩子；琳琳和小朋友吵架还把小朋友推倒了，她是坏孩子。姥姥说，不让我和坏孩子一起玩，不和坏孩子交朋友。"在场的家长和老师都清楚了昕昕不合群的原因，老师对家长说："孩子的天性是无忧无虑的，不应该在她幼儿阶段就人为地制造社交障碍，这样会对她的健康成长产生很大的影响，老人的本意是给昕昕最大的保护，以免让她受到周围小朋友一些不良行为的影响，但这种错误的保护会害了孩子！"商议的结果是幼儿园和父母共同制订了一套方案，为昕昕营造和其他孩子"交朋友"的机会，慢慢地昕昕变得活泼开朗了起来。

　　造成孩子不合群的原因有很多，包括先天气质和后天养育方式两个方面，其中后天养育方式是主要原因，特别是对于一些天生胆小腼腆的孩子，如果不注意采取合适的方式培养和引导，就会导致性格孤僻，不仅会脱离周围的小朋友，还会让自己很不开心，长此以往不仅会对性格心

理发育产生负面影响，还会引起健康问题。很多不恰当的养育行为会直接导致孩子和小朋友疏远，例如一些由性格比较内向、不善社交的老人带大的宝宝，因为老人本身就不爱交际，喜欢清静，也就不会带孩子去主动参与集体活动；还有的是过分溺爱，在家庭中一切以孩子为中心，这样的宝宝和其他人交往起来就很容易因被忽视而脱离大家；另外就是家长过度保护，为孩子屏蔽了所有与外界正常交流的机会，甚至还为此"制造"了很多理由，诸如，这个孩子不懂礼貌，爱欺负人，那个孩子不讲卫生，没教养等。我们会发现，这样的孩子上学后也可能会性格孤僻，心里压抑，不参加集体活动，甚至会爱捣乱，经常惹是生非。

如何做才是正确的呢？首先，家里人特别是亲近的看护人应该有培养孩子合作能力的意识，利用一切机会让他和外人多接触，并共同完成一件事情；其次，要鼓励孩子多交朋友，可以带孩子去小朋友家串门，也可以邀请小伙伴到家里来做客，把自己的玩具和大家一起分享；另外，要根据孩子的年龄和能力，多参加一些集体运动项目，如球类和棋类运动、爬山、赛跑等，不仅可以提高孩子的身体素质和意志力，还能很好地培养其合作精神。当然，父母的榜样作用也不容忽视，父母日常要热情待人，真诚交友，也会对孩子产生潜移默化的影响。因此，一个人的行为习惯、性格特点和父母教育、家庭环境息息相关，教育好、环境好，家庭的影响就是正面的，孩子的成长就会积极向上，反之就会养出一个不合群的小朋友。

Tips

1 知识点：

孩子不合群，性格孤僻的原因有可能是天性胆小腼腆，但也有可能是养育人性格较孤僻，家庭过分溺爱，过度保护，人为制造社交障碍等。

2 敲黑板：

家长要有培养孩子合作精神的意识，鼓励孩子多交朋友，创造机会让孩子和他人合作，多参加集体运动项目，为此，家长应做好榜样。

3 解矛盾：

年轻父母大都工作繁忙，但也要尽量多地陪伴孩子，承担带孩子参加集体活动的工作，同时还要为老人创造相对轻松的育儿环境和交际机会。

故事13 孩子还不会自己吃饭，不能这么早送去幼儿园

　　悠悠小朋友快三岁了，爸爸妈妈最近开始为她物色合适的幼儿园，准备暑期过后就送悠悠入园，但是家里的老人却坚决反对，认为孩子的自理能力还不够，还不会自己吃饭，应该再晚一年上幼儿园。为这件事，他们已经和年轻人争论过几次了。悠悠从小由爷爷奶奶精心带大，两位老人尽心尽责地把孩子养得又健康又聪明，但就是有一个问题，悠悠三岁了，吃饭穿衣还都由老人帮助，奶奶哄睡、爷爷喂饭已经是常态，最让爸爸妈妈头疼的是尽管他们无数次地叮嘱老人要让孩子自己做，但老人都以"我们闲着也是闲着，看着孩子穿不上衣服，吃不好饭也着急"为借口，没有丝毫改变。所以他们决定，要送悠悠去幼儿园经受"锻炼"。在年轻人的坚持下，悠悠如期入园，但是因为孩子的自理能力明显不够，入园后的前半年，在幼儿园经常不吃不睡，不会自己脱穿衣服，不但不能很好地融入集体生活，而且还反复生病，在老师和父母的帮助和训练下才逐渐适应了幼儿园的生活。

　　这是一个典型的案例，因为没有做好充分的入园准备给小朋友造成了不良影响。对于孩子入园的年龄，其实没有硬性规定，但入园前各项能力的培养是非常重要的。首先，家长要知道孩子为什么要在适龄的时候入园。这是因为，幼儿园是孩子从家庭到社会的必要过渡，在幼儿园里，孩子可以有更大的活动空间，交更多的朋友，学习更

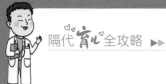

多的能力，通过规律的饮食作息习惯的培养和体育锻炼，可以让小朋友们更加健康地成长，通过集体活动和互动游戏，可以提升他们的思维能力、语言表达能力和认知世界的能力，在活动中还能体会到交往的乐趣，学会合作和分享，让孩子更加积极向上。所有这些，都是无法在家庭环境中充分得到满足的。当然，做好入园前准备，对每一个家庭来说都应得到很好的重视，入园前准备包括生活自理能力、作息时间适应、分离焦虑缓解和物品准备几部分。独立吃饭，用杯子喝水，脱穿衣服，自主大小便，主动洗手等自理能力，要在入园前初步养成；为了让孩子能够尽快适应入园后的集体生活，建议提前两个月在家庭中就按照幼儿园的饮食作息时间表安排生活；减轻分离焦虑的方法是让孩子提前适应幼儿园的教室、老师和小朋友，告诉他即将开始的新生活很值得向往，会认识很多新朋友，有新玩具，老师会带着大家一起做游戏；物品方面除按照幼儿园的要求外，建议为孩子准备的衣服要避免烦琐，便于脱穿。幼儿园是孩子成长的重要必经过程，并不是"可上可不上的"，不应被随意看待，而且需要全家人各司其职共同完成对幼儿入园前身体条件、生活能力和心理适应的各项准备，这样才能顺利地为孩子开启人生一段新的历程。

Tips

1 知识点:

幼儿入园准备不足,很可能会让孩子无法适应新环境,无法完成日常生活要求,影响身体健康和情绪心理。

2 敲黑板:

孩子在适龄时应勇敢入园,并在此之前培养好生活自理能力,调整作息,减轻分离焦虑。为此,家长要进行有针对性的训练。

3 解矛盾:

两代人都应重视孩子入园前各方面能力的培养和适应性训练,年轻人要提供具体方法,帮助老人共同完成对孩子的训练。

故事14 孩子到底是一哭就要抱，还是哭一哭再抱

随着新生儿的到来，也会给很多家庭带来"烦恼"，其中很多是由于两代人的育儿观念不同引发了矛盾冲突。很多年轻的父母跟我抱怨，就因为宝宝哭了"要不要马上抱"这个简单的问题，家里人常常意见不统一。

有个新手妈妈当着我的面，就毫不留情地批评宝宝的奶奶："老人就最听不得孩子哭，从出生开始，只要孩子一哭，就马上抱起来，有时候甚至还没开始哭，只是吭叽两下就抱。我都说过很多次了也不管用，拦着不让抱根本不行。现在宝宝三个月了，连睡觉都要抱着睡，都是让奶奶给养成的坏习惯！"奶奶也有她自己的委屈："孩子哭就是不舒服，你非但不理不睬，还非要让他哭得满脸通红，撕心裂肺了才去抱，这样怎么能行！"其实，妈妈和奶奶的做法都不对。

很多新手爸妈从宝宝出生后就开始纠结"哭了到底抱还是不抱"，"一哭就抱"担心惯坏了，"坚持不抱"又怕孩子没有安全感，而"一哭就抱""哭哭再抱"和"不哭再抱"的观点又让家长们无从下手，很多家庭矛盾也由此产生。

其实，"抱"与"不抱"是由孩子的年龄和具体场景决定的。在心理学上有一个名词叫作"安全依恋"，特别是对一岁半以内的宝宝，父母和亲近的看护人给予的安全感让他们形成了对大千世界最初的信任，一旦宝宝的依恋要求被及时满足，就会使宝宝建立对周围环境和家庭成员

基本的信任感，让他更有信心去探索世界，反之，如果对宝宝发出的安全依恋信号不予回应，就会让他觉得这个世界是危险的，是不可信的。这样的不良体验会影响其一生信任感的形成。因此对于一岁半以内的宝宝的需求一定要及时给予回应，但回应的方式绝不仅仅指"一哭就抱"。你会发现，出生一周后的宝宝哭闹的时候，只要听到妈妈的声音就会安静下来，爸爸握住三个月宝宝的手就能让他破涕为笑，蹒跚学步的孩子摔倒了，家长的一声鼓励让他自信满满地再出发……所以说，安全感来自及时的回应和陪伴，而并非绝对的"抱"与"不抱"。上面案例中提到的妈妈和奶奶的做法其实都是不可取的，特别是对一岁以内的婴儿来说，啼哭是和外界沟通的主要方式，如果对此置之不理，就会让这种啼哭持续，由嘤嘤抽泣变成撕心裂肺，直至不再哭泣，这样一个过程，会让孩子觉得我需要帮助时，无论怎样也得不到大人的帮助，索性不再哭闹。这其实是一种"绝望"的表现，对孩子的心理成长不是一件好事。而对于一岁半以后的宝宝，已经建立了对周围环境的初步信任，此时，可以开始逐步进行独立性训练，就要适当地采取延迟满足的做法，对于孩子的要求，特别是以"哭"作为要挟的时候，就要"哭一哭再抱"了，但此时并不是简单粗暴地延迟，而是一定要陪在孩子身边，给予关爱的鼓励。

Tips

1 知识点：

对孩子的需求回应不当，不利于孩子心理成长和独立性的养成，会使孩子缺乏信任感和安全感，胆小怯懦，惧怕困难。

2 敲黑板：

家长对孩子的需求应及时回应，但也要根据不同年龄和不同场景采取不同的回应方式。

3 解矛盾：

两代人应保持学习，积极沟通，采取分工合作的方式应对孩子的需求，避免极端的做法。

故事15 带着宝宝出国旅行，到底是不是浪费钱

　　现在很多年轻父母都认为"行万里路"和"读万卷书"同样重要。我接触的很多人在孩子三岁前就经常带着宝宝去旅行，但这样的做法往往受到家里老人的质疑。

　　曾经就有一家人在我的诊室里吵了起来。爸爸妈妈要带着刚刚一岁的宝宝出国旅行，来咨询一些旅途中的注意事项。我提醒他们，这次长途旅行对小宝宝来说还是比较辛苦的，就叮嘱了一些细节。我的话还没说完，站在一旁的爷爷忍不住开口了："孩子这么小，出门本来就不方便，还去那么远的地方。辛苦不说，折腾病了怎么办？再说了，从三个月开始，你们已经带着孩子去了国内好几个城市，现在又要带一岁的孩子出国旅行，简直就是浪费钱！"听到老人这样一说，年轻人也丝毫不让步："孩子就是要从小见世面，看不同的人，看不同的城市，看不同的风景，这对他的发育有好处，我们也做了很多准备，您不用担心出问题！"看到大家谁都不甘示弱，我赶紧说："带宝宝旅行是好事，但是还是要考虑孩子的年龄和身体状况，选择合适的方式，还要做好充分的准备。另外'见世面'也不一定每次都要走多远，在家门口也可以让宝宝多听多看，也同样能达到目的。"

　　经常有家长问我孩子多大能长途旅行，其实对此并无严格的年龄限制。一般认为出生28天之内的宝宝，因为尚未度过出生后的稳定期，是不建议长途旅行的，三岁以

内比较适宜的旅途距离是不超过四小时，三岁以上则可以走得更远了。带宝宝出游的地点选择也应适合孩子的年龄和兴趣，相比自然风光，孩子们更喜欢动物园、植物园和海边沙滩，爸爸妈妈们也要酌情考虑。尽管不同年龄阶段适合的方式和地点有所不同，但旅行对孩子身心发育的促进作用是显而易见的，一家人出去旅行，可以很好地促进亲子关系，让孩子更容易接受家长的教育；通过旅行，又可以增强孩子的身体素质，磨炼他们不怕苦不怕累的坚强意志；旅途中的所见所闻不仅增长了知识，提高了认知水平，还能通过和不同的人交流，适应不同的环境，让孩子的性格更加开朗，提高与人交往的能力，增加自信心，锻炼独立性。当然，旅行前要做好充分的准备，旅途中要确保安全，特别是对三岁以下的婴幼儿，从衣服鞋袜、卫生用品、饮食饮料到必备药品等，都应考虑周全，旅途中交通工具的选择应保证安全舒适，过程中要合理安排饮食起居，根据孩子的身体状况灵活调整出行方案。对于孩子来说，他们周围的大千世界存在着很多不同的"风景"，一个家附近的博物馆、一座家门口的小山、一片门前的绿地、一个不远处的公园都可以成为亲子互动、增长见识、磨炼意志的场所，爸爸妈妈们也不妨多带孩子到这些地方去走走看看。每到一个不同的地方孩子都会有不同的感受和体验，重要的是家长们要选择适合孩子去的地方，这样才能实现旅行真正的意义。

Tips

1 **知识点：**

旅行对于孩子来说，意义在于融洽亲子关系，增强身体素质，磨炼意志品质，增长知识见识，提高与人交往能力，增加自信心，锻炼独立性。

2 **敲黑板：**

家长要选择适合孩子的地方去旅行，并做好出发前的充分准备，确保旅途安全。

3 **解矛盾：**

年轻人应合理安排带孩子的旅行，并为老人说明旅行的意义，讲解准备的充分性，同时老人也应尽量理解旅行对孩子成长的意义，配合规划全家人的共同出行。

后记

写给两代人的一些话

最后，有几句写给年轻人的话：处理家庭育儿矛盾，年轻人应该是主体。对你们我有四点建议：心存感恩，允许差异，具体示范，避免极端。当你们晋升为父母之后，在陪伴孩子长大的过程中，会越来越清晰地体会到为人父母的含辛茹苦。老人们在本该享受退休后的闲暇和轻松时，再一次为儿女无私付出，年轻人应心存感恩；同时所处年代不同，所受教育不同，接受能力不同，必然会造成育儿方式和理念的不同，你们应该允许这种差异的存在，不要简单地指责和埋怨，要有理有据有耐心地引导老人接受现代的育儿观；另外，为了最大程度地减轻老人带孩子的压力，要为他们提供具体的，可操作性强的方法，并做好示范，因为这些学习和示范，对于你们来说也是很重要的；最重要的一点，就是一定要避免冲突的激化，要始终牢记，和谐的家庭气氛和优秀的榜样力量对下一代的成长至关重要。

另外，我也有几句写给中老年朋友的话：处理家庭育儿矛盾，中老年朋友应该有"甘当绿叶"的精神。对你们我也有四点不成熟的建议仅供参考：理解压力，积极学习，相信孩子，适时退出。现代社会的工作和生活压力会让很多为人父母的年轻人倍感焦虑，作为他们的父母，应该尽量体谅和理解，不要为了一句埋怨就心生怨气。也许这只是年轻人释放自身压力的一种方式。同时要试着把充电和学习当作一种乐趣，学习新的育儿理念和方法。在陪伴孩子一起成长的过程中，你们也会收获满满的成就感。还要相信每一个孩子，无论是儿女还是孙辈，要相信他们自己有能力应对生活中的困难，有能力独自面对成长。你们不需要凡事亲力亲为，而需要在他们每一次进步和成长的时候加油喝彩。最后，还要告诉自己适时退出。不仅是在年轻人下班后、周末休息日和孙辈入托后退出，还要在年轻人在管教孩子时退出。

希望所有的隔代育儿家庭，都能两代人互相学习，互相帮助，优势互补，形成合力，共同培养出优秀、健康、快乐的孩子。

李　瑛

2021 年 10 月